组合数学及应用

面向计算机、信息、智能的组合计数原理

刘关俊　编著

科　学　出　版　社

北　京

内 容 简 介

本书围绕组合计数问题，将数学原理与实际应用相结合，介绍集合与多集上的排列与组合、二（多）项式定理、二项分布与信息熵、鸽巢原理、拉姆齐理论、生成函数、递归关系（包括斐波那契数、斯特林数、卡特兰数、调和数的递归关系）、容斥原理、伯恩赛德计数定理和波利亚计数定理。本书共分八章，每一章都配有一个计算机、电子信息、人工智能等领域的应用案例，以展示数学原理或方法在这些专业问题上的应用。此外，每章末附有习题，供读者练习和进一步思考，以巩固和深化理解。

本书可供计算机科学与技术、软件工程、信息安全、人工智能、大数据、通信、电子、应用数学等专业的本科生、研究生使用，也可供相关领域从事教学和科研的人员参考。

图书在版编目（CIP）数据

组合数学及应用 / 刘关俊编著. -- 北京 ：科学出版社，2025. 1.
ISBN 978-7-03-080121-0

Ⅰ. O157

中国国家版本馆CIP数据核字第2024B466U3号

责任编辑：杨　凯 / 责任制作：魏　谨
责任印制：肖　兴 / 封面设计：杨安安

科学出版社 出版

北京东黄城根北街16号
邮政编码：100717
http://www.sciencep.com

天津市新科印刷有限公司印刷

科学出版社发行　各地新华书店经销

*

2025年1月第 一 版　　开本：787×1092　1/16
2025年1月第一次印刷　　印张：11
字数：214 000

定价：58.00元
（如有印装质量问题，我社负责调换）

前　言

本书的创作初衷，是为了弥补现有组合数学书籍的不足：只聚焦数学原理，而忽略这些原理在其他领域的应用。虽然偶有书籍会提及一些应用，但通常只是浅尝辄止，覆盖面不够广泛。众所周知，组合数学是许多专业领域，尤其是计算机科学和电子信息技术的基础。在当前信息技术、计算机科学和人工智能迅猛发展的背景下，一本既深入讲解组合数学原理，又广泛展示其在这些领域应用的书籍，将为广大读者提供一个更广阔的视野。

本书共八章，系统介绍组合数学的基础知识与原理，每章配有一个精心挑选的应用案例，涉及计算机科学、软件工程、人工智能、大数据和通信技术等领域。即使读者在某些专业领域没有深入学习过，也能通过细致的讲解完全理解相应的应用案例，既拓宽了知识面，又激发了对组合数学的兴趣，并感受到数学之美。

本书在介绍组合数学的基础知识和原理时，主要聚焦于计数问题，这与大多数组合数学书籍的内容相似，然而，本书也有其独到之处，接下来简要介绍这些特色。

第1章讲解集合与多集上的排列与组合计数。这些内容在中学阶段就已经有所涉及，因此本章内容力求简明，但对于一些关键知识点进行了详尽的阐释，如每个元素至少出现一次的多集上的排列问题（定理1.7），该问题不仅与第2章的多项式系数相关，而且在第6章介绍第二类斯特林数时也会进一步细化；又如严格递增数列的计数问题（例1.4），它将在第7章利用容斥原理解决二重错排问题时再次被引用（例7.4）。在内容的编排上力求实现知识的连贯性和由浅入深的教学效果。

第2章讲解二项式系数与多项式系数相关知识。鉴于二项式系数的部分内容在中学阶段也已学过，本章在介绍这些基础知识时力求简洁。然而，相对于其他同类书，本书对二项式系数的内容进行了拓展，增加了以下内容：

（1）二项分布与信息熵：概率分布与信息熵作为许多研究领域的关键基础，其重要性不言而喻。第4章利用概率分布方法证明了对角双色拉姆齐数的下界，这是一个非常有意思的证明方法。

（2）二项式系数累加和的界值定理（定理2.6）：该定理在第3章的应用案例中被使用，并且该界值定理基于信息熵。

（3）重要的二项式恒等式：式(2.23)、式(2.24)和式(2.25)，这些恒等式在后续章节的多个问题中发挥了重要作用。

第3章介绍了鸽巢原理的几个不同表述形式，后面多个章节的多个知识点会用到该原理。

第4章深入探讨拉姆齐理论，相较于其他书籍，本书讲得更深入一些：增加了一些与双色拉姆齐数上下界有关的结论（定理4.5和定理4.6），除了这些结论有价值外，它们的证明方法也非常有意思，有助于拓宽读者的思路；增加了广义拉姆齐定理的证明，该证明在诸多书籍中常被省略，事实上，该证明除了略显冗长之外，逻辑还是非常清晰的，读者阅读和理解这样的证明，对于培养他们在科学、技术、工程等领域面对挑战时的耐心和毅力大有裨益。

第5章介绍生成函数，本书在这一主题上采取了简化处理，只讲了几个简单的生成函数及其运算。简化并不意味着不重要，相反，生成函数在后续章节中扮演着关键角色。通过在后续章节中应用生成函数解决更多问题，读者将深刻体会到其灵活性和实用性。

第6章简要介绍递归关系，重点讲解常系数线性齐次递归关系的通用求解方法，以及如何利用生成函数求解递归问题。通过几个著名的数列，如斐波那契数、第一类和第二类斯特林数、卡特兰数、调和数展示递归关系的应用。很多看似非常复杂的问题，利用递归方式可迎刃而解，大有四两拨千斤之力。然而解递归关系并非易事，有些递归关系甚至需要多年的研究才能找到求解方案。

第7章介绍容斥原理，包括容斥原理的几种表达形式、棋子多项式、莫比乌斯反演、错排、二重错排、可重圆排列、欧拉totient函数等。然而，本书的一个独特之处在于，给出了莫比乌斯函数累加和的一个新特性（性质7.2），其他书籍通常只介绍另一个特性（性质7.1），而基于这个新特性更容易理解莫比乌斯反演公式的证明，并且这个新特性是已有特性（性质7.1）的一般化拓展。

第8章介绍伯恩赛德计数定理与波利亚计数定理，对波利亚计数定理只给出一个简化的计数公式，至于更复杂的生成函数形式的计数公式及其证明，则留给有兴趣的读者自行探索和研究。

本书的出版得到国家自然科学基金的资助（No. 62172299），在此表示感谢；还要感谢科学出版社的赵艳春女士为本书的出版付出的努力。限于作者水平，书中难免存在不足之处，恳请读者批评指正。

作　者
2024 年 9 月

目　录

目　录

第1章　排列与组合

本章介绍集合与多集上的排列与组合计数，并简单介绍模拟与分析并发系统的数学模型——Petri 网，展示集合、多集、组合数等在其中的应用。

1.1　加法原则与乘法原则

加法原则（sum rule）与乘法原则（product rule）在排列与组合计数中经常用到。在求一个复杂的组合计数问题时，加法原则从几个互斥的情况出发分别考虑计数的结果，而每种情况能够较简单地处理。

加法原则：令 S_1、S_2、$\cdots$、S_n 是互不相交的有限集，则从这些集合中选择一个元素的方式数为

$$\left| \bigcup_{j=1}^{n} S_j \right| = \sum_{j=1}^{n} |S_j| \tag{1.1}$$

例如，16 个四位二进制数中，问至少连续两位是 1 的数有几个？回答该问题，可将满足要求的二进制数分为 3 类：

（1）恰好有两位连续的 1：0011、1011、0110、1100 和 1101，共 5 个。

（2）恰好有三位连续的 1：0111 与 1110，共 2 个。

（3）恰好有四位连续的 1：1111，共 1 个。

因此，答案为 $5 + 2 + 1 = 8$ 个。

乘法原则：令 S_1、S_2、$\cdots$、S_n 是有限集，从 S_1 中选择一个元素，接着从 S_2 中选择一个元素，如此下去，直至从 S_n 中选择一个元素，则不同的选择方式数为

$$|S_1 \times S_2 \times \cdots \times S_n| = \prod_{j=1}^{n} |S_j| \tag{1.2}$$

乘法原则中，$S_1 \times S_2 \times \cdots \times S_n$ 是集合的笛卡儿乘积，它的每一个序列就对应一种选择方式。例如，考虑某学校在校本科生学号的编号问题：前四位表示入学年份，包含 2021、2022、2023 和 2024；接下来的两位表示不同的专业，共有 100 个专业，用 00、01、02、$\cdots$、99 表示；而每个专业每年招生不超过 100 人，所以每位同学学号的后两位也可以用 00、01、02、$\cdots$、99 表示。如此，所有可能的学号共有 $4 \times 100 \times 100 = 40000$ 个。

1.2　集合上的排列

由 k 个元素形成的一个排列（permutation或者arrangement）指的是这 k 个元素形成的一个序列，称作 k–元排列或 k–元线排列（linear arrangement）。依据乘法原则可得到定理1.1。

定理 1.1 (集合上的排列数)　k 个不同元素共能形成

$$k! \triangleq k(k-1)\cdots 1 \tag{1.3}$$

个不同的 k–元排列，即 k 个元素的全排列。n–元集合中不同元素共能形成

$$n^{\underline{k}} \triangleq n(n-1)\cdots(n-k+1) \tag{1.4}$$

个不同的 k–元排列，其中，$1 \leqslant k \leqslant n$。

大家对阶乘（factorial）符号非常熟悉（规定 $0! = 1$），也常见 $P(n,k)$ 表示 n–元集合的 k–元排列数，但本书中符号 P 另有他用，故使用符号 $n^{\underline{k}}$ 表示该排列数，读作"n 的降 k 次幂"，学名为降阶乘幂（falling factorial power）[1]，它与阶乘密切相关：

当 $1 \leqslant k \leqslant n$ 时，有

$$n^{\underline{k}} = \frac{n!}{(n-k)!}$$

当 $n \geqslant 1$ 时，有

$$n^{\underline{n}} = n!$$

---

[1]降阶乘幂的定义、性质与应用可阅读文献 [1]。

当 $k > n \geqslant 1$ 时，有

$$n^{\underline{k}} = 0, \ n^{\underline{1}} = n$$

规定 $n^{\underline{0}} = 1$。

例 1.1 从 $\{1, 2, \cdots, 9\}$ 中选出 5 个不同数字组成五位数，要求不出现 "89"，问有多少个这样的五位数？

解：9–元集合的 5–元排列共有 $9^{\underline{5}} = 15120$ 个，只须减去出现 "89" 的 5–元排列的个数即可。而出现 "89" 的一个排列，等于从 $\{1, 2, \cdots, 7\}$ 中选出 3 个数字组成三位数，再将 "89" 插入 4 个可插入的位置之一即可。因此，出现 "89" 的 5–元排列的个数为 $4 \times 7^{\underline{3}} = 840$。所以符合要求的五位数共有 14280 个。

一个 k–元排列可以看作将这个序列排在一条直线上，如果将这样一个序列排在一个圆周上，就称为一个 k–元圆排列（circular permutation），此处假设一个圆排列中的元素均不相同。一个 k–元圆排列有 k 个可以断开的位置，因此，从这 k 个不同的位置断开就可以形成 k 个不同的排列。图 1.1 (a) 所示是一个圆排列，通常写作 1–6–4–2–5–3，下面的这些记法表示同一个圆排列：1–6–4–2–5–3 = 6–4–2–5–3–1 = 4–2–5–3–1–6 = 2–5–3–1–6–4 = 5–3–1–6–4–2 = 3–1–6–4–2–5；图 1.1 (b) 是该圆排列从 6 个不同位置断开后形成的 6 个不同的排列。上述圆排列是按顺时针写的，本书不考虑逆时针的写法方式。本书中书写一个排列时，两个元素之间没有 "–"，如 164253，而 $164253 \neq 642531$。

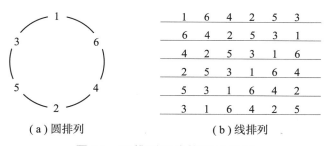

（a）圆排列　　　　　　　　　　（b）线排列

图 1.1 圆排列和线排列示意图

由定理 1.1 知，n–元集合的 k–元排列数为 $n^{\underline{k}}$，设 n–元集合的 k–元圆排列数为 x，则有 $k \cdot x = n^{\underline{k}}$，因此可得到定理 1.2。

定理 1.2（集合上的圆排列数） 已知 $1 \leqslant k \leqslant n$，则 n–元集合的 k–元圆排列数为

$$\frac{n^{\underline{k}}}{k} \tag{1.5}$$

例 1.2（男女相间的圆排列数）　n 名男同学与 n 名女同学在草坪上围坐一圈研讨，要求任意两名男同学或任意两名女同学不能相邻，问不同的坐法有多少？

解：n 名男同学先围坐一圈，共有

$$\frac{n^{\underline{n}}}{n} = (n-1)!$$

种坐法。固定一种坐法，n 名女同学坐到这 n 名男同学之间，每两名男同学之间只能坐一名女同学，共有 n 个可坐的位置，而且 n 名女同学之间还存在排列问题，有 $n!$ 种排法。由乘法原则知：共有 $n!(n-1)!$ 种坐法。

后面章节还会讲到：n 对夫妇，要求男女相间且夫妻不能挨着的圆排列数。

1.3　集合上的组合

n-元集合的一个 k-元组合（combination）就是该集合的一个 k-元子集，其中：$0 \leqslant k \leqslant n$。因为一个 k-元子集对应 $k!$ 个不同的 k-元排列，而 n-元集合的 k-元排列数为 $n^{\underline{k}}$，所以 n-元集合的 k-元组合数为 $n^{\underline{k}}/k!$。

定理 1.3（集合上的组合数）　已知 $0 \leqslant k \leqslant n$，则 n-元集合的 k-元组合数为

$$\binom{n}{k} \triangleq \frac{n^{\underline{k}}}{k!} = \frac{n!}{k!(n-k)!} \tag{1.6}$$

规定当 $n < k$ 时，$\binom{n}{k} = 0$。显然，$\binom{n}{0} = 1 = \binom{n}{n}$，前一等式意味着空集的个数，后一等式意味着全集的个数。$\binom{n}{k}$，通常读作"n 选 k"，就是所谓的二项式系数（binomial coefficient），下一章将着重讲述其相关性质。由组合数的定义可知

$$\binom{n}{k} = \binom{n}{n-k}$$

而从组合意义上也容易理解该等式：给定 n-元集合的一个 k-元子集，就对应一个由剩余的 $n-k$ 个元素组成的补集，反之亦然。

例 1.3　图书馆有 4 个并排的自动刷脸的入口，每个入口一次只能进一个人，问一个 9 人小组有多少种进馆方案？

解：9 人小组形成的全排列数为 $9!$。给定一个全排列，他们可能的进馆方

案，等价于在这个队列中插入 3 个隔板，从而将他们分到 4 个入口。图 1.2 展示了两种放隔板的方案，其中：（a）从左边数第一个入口有 3 人，第二个入口有 4 人，第三个与第四个入口各有 1 人；（b）从左边数第一个入口有 1 人，第二个入口有 8 人，第三个与第四个入口均没有人。因此，共有 $\binom{12}{3}$ 种放隔板的方案。依据乘法原则知，进馆方案总数为 $\binom{12}{3} \times 9! = 79833600$。

(a)　ΥΥΥ | ΥΥΥΥ | Υ | Υ

(b)　Υ | ΥΥΥΥΥΥΥΥ | |

图 1.2　例 1.3 的求解方案（Υ 代表人，| 代表隔板）

例 1.4 (严格递增数列计数)　给定自然数 m、n 和 k，问：从 $\{1, 2, \cdots, n\}$ 中能够取出多少个长度为 k 且满足条件式 (1.7) 的严格递增数列 $\langle a_1, a_2, \cdots, a_k \rangle$？

$$\forall j \in \{1, 2, \cdots, k-1\}: a_{j+1} - a_j \geqslant m+1 \tag{1.7}$$

解：先看一个特例，设 $m = 1$、$n = 4$、$k = 2$，即从 $\{1, 2, 3, 4\}$ 中取出所有满足如下条件的 2–元子集：两个相邻元素相差至少为 2，共有如下 3 个严格递增数列 $\langle 1, 3 \rangle$、$\langle 1, 4 \rangle$、$\langle 2, 4 \rangle$。

下面求一般情况，设 $\langle a_1, a_2, \cdots, a_k \rangle$ 是选出的一个严格递增数列且满足如下条件：

$$\forall j \in \{1, 2, \cdots, k-1\}: a_{j+1} - a_j \geqslant m+1$$

按如下规则构造新数列 $\langle b_1, b_2, \cdots, b_k \rangle$：

$$\forall j \in \{1, 2, \cdots, k\}: b_j = a_j - (j-1)m$$

显然有如下结论：

$$\forall j \in \{1, 2, \cdots, k-1\}: b_{j+1} - b_j = a_{j+1} - a_j - m \geqslant 1$$

并且

$$1 \leqslant a_1 = b_1 < b_2 < \cdots < b_k \leqslant n - (k-1)m$$

即新数列是 $\{1, 2, \cdots, n - (k-1)m\}$ 上的一个 k–元子集。反之，给定 $\{1, 2, \cdots, n - (k-1)m\}$ 上的一个 k–元子集（对应唯一一个严格递增数列），按上述构造方法的逆可产生符合题目要求的一个严格递增数列。因此所求数目即为 $(n-(k-1)m)$–元集合的 k–元组合数，即

$$\binom{n-(k-1)m}{k}$$

求解完毕。注：当 $m=0$ 时，上式即为 n-元集合的 k-元组合数。

上例可以通俗地表述为：从 $\{1,2,\cdots,n\}$ 中能够取出"长度"为 k 且"跨度"超过 m 的严格递增数列的个数为 $\binom{n-(k-1)m}{k}$，后面章节还会用到这个公式。

1.4　多集上的排列

前面小节考虑从集合中选取不同元素的组合数与排列数，但很多应用中要求无区别地对待某些元素，因此需要引入多集（multiset）[①]。记 $\mathbb{N}=\{0,1,2,\cdots\}$ 为自然数集，无穷符号 ∞ 满足如下性质：

$$\forall n \in \mathbb{N}:\ \infty \pm n = \pm n + \infty = \infty \wedge n < \infty$$

记 $\mathbb{N}_\infty = \mathbb{N} \cup \{\infty\}$。

定义 1.1（多集）　集合 S 上的一个多集 M 定义为一个影射 $M\colon S \to \mathbb{N}_\infty$，使用一对空心方括号表示：

$$M = [\![\, M(a) \cdot a \mid a \in S \,]\!]$$

例如多集 $[\![\, a, 100 \cdot b, \infty \cdot c \,]\!]$，有 1 个 a、100 个 b、无穷多个 c。当集合 S 的某个元素在多集 M 中的个数为 0 时，则不在空心方括号内写出它。给定集合 S 上的两个多集 M_1 和 M_2，定义如下关系及运算：

（1）　$M_1 = M_2$ 当且仅当 $\forall a \in S:\ M_1(a) = M_2(a)$。

（2）　$M_1 \subseteq M_2$（或记作 $M_2 \supseteq M_1$、$M_1 \leqslant M_2$、$M_2 \geqslant M_1$）当且仅当 $\forall a \in S:\ M_1(a) \leqslant M_2(a)$。

（3）　$M_1 \subset M_2$（或记作 $M_2 \supset M_1$、$M_1 \lneqq M_2$、$M_2 \gneqq M_1$）当且仅当 $\forall a \in S:\ M_1(a) \leqslant M_2(a)$ 并且 $\exists a \in S:\ M_1(a) < M_2(a)$，即 $M_1 \subseteq M_2$ 并且 $M_1 \neq M_2$。

[①] 德国数学家康托（Georg F. L. P. Cantor，1845–1918）是公认的集合论的创始人[2]；多集在数学、计算机科学、物理、哲学等领域均被使用，诸多学者为这一理论的形成做出过贡献，要找一位称作创始人的人物并不容易；相关定义与性质可阅读文献 [3]。

（4） $M_1 \cap M_2 \triangleq [\![\min\{M_1(a), M_2(a)\} \cdot a \mid a \in S]\!]$。

（5） $M_1 \cup M_2 \triangleq [\![\max\{M_1(a), M_2(a)\} \cdot a \mid a \in S]\!]$。

（6） $M_1 + M_2 \triangleq [\![(M_1(a) + M_2(a)) \cdot a \mid a \in S]\!]$。

（7） $M_1 \geqslant M_2$：$M_1 - M_2 \triangleq [\![(M_1(a) - M_2(a)) \cdot a \mid a \in S]\!]$。

多集的一个 k-元排列是从该多集中取出 k 个元素形成的一个序列，如多集 $[\![a, 100 \cdot b, \infty \cdot c]\!]$ 的 2-元排列有：ab、ac、ba、bb、bc、ca、cb、cc。

定理 1.4 (无穷多集上的排列数)　多集 $[\![\infty \cdot a_1, \infty \cdot a_2, \cdots, \infty \cdot a_n]\!]$ 的 k-元排列数为 n^k。

证明： 因为每个元素都有无穷多个，所以由这些元素组成的 k-元排列，其每个位置上均有 n 种选择，进而由乘法原则知结论成立。

定理 1.5 (有限多集上的全排列数)　多集 $[\![k_1 \cdot a_1, k_2 \cdot a_2, \cdots, k_n \cdot a_n]\!]$ 的全排列数为

$$\frac{(k_1 + k_2 + \cdots + k_n)!}{k_1! k_2! \cdots k_n!}$$

证明： 这样的一个全排列，可以从 $k_1 + k_2 + \cdots + k_n$ 个位置选出 k_1 个位置放 a_1，可选的组合数为

$$\binom{k_1 + k_2 + \cdots + k_n}{k_1}$$

固定一种选择，再从剩余的 $k_2 + \cdots + k_n$ 个位置选出 k_2 个位置放 a_2，可选的组合数为

$$\binom{k_2 + \cdots + k_n}{k_2}$$

如此下去，直至将 k_n 个 a_n 放入。依据乘法原则知全排列数为

$$\binom{k_1 + k_2 + \cdots + k_n}{k_1}\binom{k_2 + \cdots + k_n}{k_2} \cdots \binom{k_n}{k_n}$$
$$= \frac{(k_1 + k_2 + \cdots + k_n)!}{k_1!(k_2 + \cdots + k_n)!} \cdot \frac{(k_2 + \cdots + k_n)!}{k_2!(k_3 + \cdots + k_n)!} \cdot \cdots \cdot \frac{k_n!}{k_n!}$$

$$= \frac{(k_1 + k_2 + \cdots + k_n)!}{k_1! k_2! \cdots k_n!}$$

结论得证。

回顾例 1.3 中的进馆方案数，利用定理 1.5 亦可求解。用 Υ_1、Υ_2、$\cdots$、Υ_9 表示 9 个人，用 | 表示隔板，则多集 $\llbracket \Upsilon_1, \Upsilon_2, \cdots, \Upsilon_9, 3 \cdot | \rrbracket$ 的每一个全排列都对应一种进馆方案，反之亦然。因此，进馆方案数就是该多集的全排列数，即

$$\frac{12!}{1! \times \cdots \times 1! \times 3!} = 79833600$$

例 1.5 (格子路径)　图 1.3 所示的格子路径中，$m \geqslant 0$，$n \geqslant 0$，从点 $(0,0)$ 沿着与 x 轴和 y 轴箭头方向同向的边走到点 (m,n)，问有多少种走法？

解： 沿 x 轴方向走一个小方格的一条边记一个 x，沿 y 轴方向走一个小方格的一条边记一个 y，则符合要求的一种走法就对应多集 $\llbracket m \cdot x, n \cdot y \rrbracket$ 的一个全排列，反之亦然。所以，符合要求的走法数共有

$$\frac{(m+n)!}{m! n!} = \binom{m+n}{m} = \binom{m+n}{n}$$

求解完毕。

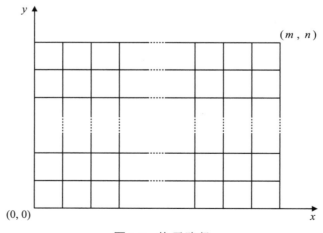

图 1.3　格子路径

1.5 多集上的组合

一个多集的 k-元组合就是从该多集中无序地选择 k 个元素，即该多集的一个 k-元子多集。例如多集 $[\![a, 100 \cdot b, \infty \cdot c]\!]$，它的 2-元子多集有：$[\![a, b]\!]$、$[\![a, c]\!]$、$[\![2 \cdot b]\!]$、$[\![b, c]\!]$、$[\![2 \cdot c]\!]$，共 5 个。

定理 1.6 (无穷多集上的组合数)   多集 $M = [\![\infty \cdot a_1, \infty \cdot a_2, \cdots, \infty \cdot a_n]\!]$ 的 k-元组合数为

$$\binom{k + n - 1}{k}$$

证明： 令 $[\![x_1 \cdot a_1, x_2 \cdot a_2, \cdots, x_k \cdot a_n]\!]$ 是 M 的一个 k-元子多集，则有

$$x_1 + x_2 + \cdots + x_n = k, \ x_1 \geqslant 0, \ x_2 \geqslant 0, \ \cdots, \ x_n \geqslant 0 \tag{1.8}$$

反之，将式 (1.8) 看作一个不定方程，则它的一个非负整数解就对应 M 的一个 k-元子多集。因此，M 的 k-元组合数即为不定方程 (1.8) 的非负整数解的个数。

不定方程 (1.8) 的一个非负整数解对应 k 个 1 和 $n - 1$ 个 0 的一个全排列：

$$\underbrace{11 \cdots 1}_{x_1 \text{个}} 0 \underbrace{11 \cdots 1}_{x_2 \text{个}} 0 \cdots 0 \underbrace{11 \cdots 1}_{x_n \text{个}}$$

反之，k 个 1 和 $n - 1$ 个 0 的一个全排列对应不定方程 (1.8) 的一个非负整数解。从而，问题的解即为多集 $[\![k \cdot 1, (n-1) \cdot 0]\!]$ 的全排列数，依据定理 1.5 知其为

$$\frac{(k + n - 1)!}{k!(n - 1)!} = \binom{k + n - 1}{k}$$

问题得证。

例 1.6 (递增数列计数)   由集合 $\{1, 2, \cdots, n\}$ 中的元素构成长度为 k 的递增数列的个数为

$$\binom{k + n - 1}{k}$$

证明： 例 1.4 中的严格递增数列要求数列中的任何两个相邻元素不同，而递

增数列中的两个相邻元素可以相同，但位置靠后的元素不能小于位置靠前的元素。该问题等价于求解多集 $[\![\infty \cdot 1, \infty \cdot 2, \cdots, \infty \cdot n]\!]$ 有多少个 k–元子多集，这是因为一个长度为 k 的递增数列对应该多集的一个 k–元子多集，而它的一个 k–元子多集恰好对应一个长度为 k 的递增数列。因此，依据定理 1.6 知所求个数为

$$
\binom{k+n-1}{k}
$$

问题得证。

定理 1.7 (无穷多集每个元素都出现的排列数) 已知多集 $M = [\![\infty \cdot a_1, \infty \cdot a_2, \cdots, \infty \cdot a_n]\!]$，则每个元素都至少出现一次的 k–元排列数为

$$
\sum_{\substack{j_1+j_2+\cdots+j_n=k \\ j_1 \geqslant 1, j_2 \geqslant 1, \cdots, j_n \geqslant 1}} \frac{k!}{j_1! j_2! \cdots j_k!} \tag{1.9}
$$

证明： 这个排列数等价于先取 M 的 k–元子多集且每个元素都至少取到一次，然后对子多集进行全排列，设所取的这样一个 k–元子多集为

$$
[\![j_1 \cdot a_1, j_2 \cdot a_2, \cdots, j_n \cdot a_n]\!], \quad j_1+j_2+\cdots+j_n = k, \quad j_1 \geqslant 1, \quad j_2 \geqslant 1, \quad \cdots, \quad j_n \geqslant 1
$$

依据定理 1.5 知这样的一个子多集的全排列数为

$$
\frac{k!}{j_1! j_2! \cdots j_n!}
$$

又由于所取的两个不同的子多集的全排列也全不相同，所以结论成立。

式 (1.9) 与多项式系数密切相关（见第2章的定理 2.3），第6章将细化该式（使用二项式系数表达），并揭示它与第二类斯特林数的关系。

1.6 应用：进程互斥建模与死锁分析

Petri 网（Petri net）[①] 是一种描述异步并发系统的数学模型，可用于操作系中多进程的资源竞争与分配、多线程程序中共享变量的互斥访问、异步通信协议等问题的建模与分析。Petri 网及其语义定义在集合、关系、多集等理论之上。

---

① Petri 网由德国计算机科学家佩特里（Carl A. Petri，1926–2010）提出并以其姓氏命名，本节内容与更多关于 Petri 网的知识可阅读文献 [4]～[7]。

定义 1.2 (网) 一个网（net）被定义为一个四元组 $N \triangleq (P, T, E, W)$，元组中的 4 个元素分别为：

（1）P 是库所（place）的集合，简称库所集。

（2）T 是变迁（transition）的集合，简称变迁集，且满足 $P \cap T = \emptyset$。

（3）$E \subseteq (P \times T) \cup (T \times P)$ 是一个流关系（flow relation），也称作弧（arc，有向边）的集合，简称弧集。

（4）$W: E \to \{1, 2, 3, \cdots\}$ 是弧上的权重（weight）。

一个网可以看作一个加权的有向二部图，如图 1.4 所示[①]，其中圆圈代表库所，方框代表变迁，连接圆圈与方框的弧代表流关系，一条弧的权重标注在弧旁（值为 1 时省略不标）。如果变迁 t 与库所 p 满足 $(t, p) \in E$，则称 t 是 p 的输入变迁（input transition），p 是 t 的输出库所（output place）；相应地，可定义输出变迁（output transition）与输入库所（input place）。给定网 $N = (P, T, E, W)$ 与节点[②] $x \in P \cup T$，x 的前集（pre-set）与后集（post-set）分别被定义为：

$$^{\bullet}x \triangleq [\![W(y, x) \cdot y \mid y \in P \cup T \wedge (y, x) \in E]\!]$$

$$x^{\bullet} \triangleq [\![W(x, y) \cdot y \mid y \in P \cup T \wedge (x, y) \in E]\!]$$

例如，在图 1.4 中，p_0 与 $t_{1,3}$ 的前后集分别为：

$$^{\bullet}p_0 = [\![2 \cdot t_{1,3}, 2 \cdot t_{2,3}]\!]$$

$$p_0^{\bullet} = [\![t_{1,1}, t_{1,2}, t_{2,1}, t_{2,2}]\!]$$

$$^{\bullet}t_{1,3} = [\![p_{1,3}]\!]$$

$$t_{1,3}^{\bullet} = [\![p_{1,1}, 2 \cdot p_0]\!]$$

网的一个标识（marking）是定义在库所集 P 上的一个多集 $M: P \to \mathbb{N}$。一个标识 M 代表了系统的一个全局状态，而这个全局状态是由一组局部状态构成。$M(p)$ 代表了一个局部状态。在对应库所 p 的网图圆圈里放入 $M(p)$ 个称作托肯（token）的小黑点来表示相应的局部状态。当 $M(p)$ 比较大时，不容易在一个小圆圈中画出 $M(p)$ 个托肯，此时一般将数值 $M(p)$ 直接写入圆圈内；如果 $M(p) = 0$，

---

① 该例子选自文献 [8]。
② 本书中（有向或无向）图的节点有时也称作顶点，只是不同场景下的命名习惯不同而已。

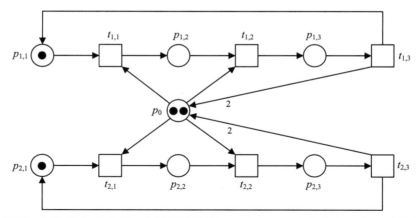

图 1.4 模拟2个进程竞争使用2个同类资源的Petri 网，p_0 可以看作一个互斥访问的资源

则相应圆圈内既不画出任何托肯也不写入数字 0。带有初始标识（initial marking）的网称作 Petri 网，记作 (N, M_0)，图 1.4 的初始标识为 $[\![2 \cdot p_0, p_{1,1}, p_{2,1}]\!]$。

给定一个网和它的一个标识，可以定义变迁的使能（enabling）与发生（firing）规则，从而可以表达系统状态的变化，即系统的所有可能的运行，进而分析所设计的系统中是否存在不希望出现的状态或运行，若存在则说明设计的系统有缺陷，进而可以改正。

注意：下面的定义中，标识及变迁的前集与后集均看作库所集上的多集。

定义 1.3 (发生规则)   给定一个网 N 和它的一个标识 M 以及一个变迁 t，如果 $M \geqslant {}^\bullet t$，则称变迁 t 在标识 M 处是使能的，记为 $M[t\rangle$；在 M 处发生使能的 t 则产生一个新标识 M'，记为 $M[t\rangle M'$，新标识 M' 的计算公式为：$M' = M - {}^\bullet t + t^\bullet$。

例如，在图 1.4 的 Petri 网初始标识处，初始标识和变迁 $t_{1,1}$ 的前集满足：

$$M_0 = [\![2 \cdot p_0, p_{1,1}, p_{2,1}]\!] \geqslant [\![p_0, p_{1,1}]\!] = {}^\bullet t_{1,1}$$

所以，变迁 $t_{1,1}$ 在初始标识处是使能的，进而发生 $t_{1,1}$ 产生如下新标识：

$$[\![2 \cdot p_0, p_{1,1}, p_{2,1}]\!] - [\![p_0, p_{1,1}]\!] + [\![p_{1,2}]\!] = [\![p_0, p_{1,2}, p_{2,1}]\!]$$

如此下去，则产生表达 Petri 网所有运行情况的可达图（reachability graph），如图 1.5 所示。从该可达图上可以看到，标识 $[\![p_{1,2}, p_{2,2}]\!]$ 没有后继标识，它是一个死锁（deadlock），说明两个进程各自持有一个资源（用库所 p_0 表示）但又都等待对方释放所持有的资源，从而导致谁也不能继续执行下去。另外请注意，在初始标识

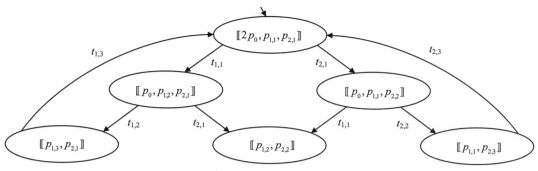

图 1.5 图 1.4 中 Petri 网的可达图

处，变迁 $t_{1,1}$ 和 $t_{2,1}$ 是可以同时发生的，而在可达图上，表现为交替发生。

给定一个 Petri 网 (N, M_0)，如果 $M = M_0$ 或者存在一组变迁 t_1、t_2、$\cdots$、t_k 满足 $M_0[t_1\rangle M_1[t_2\rangle M_2 \cdots M_{k-1}[t_k\rangle M_k = M$，则称 M 在该 Petri 网中是可达的（reachable）。可以定义一个 Petri 网的一组可达标识为终止标识（final markings），即期望任何运行都能到达某一终止状态。例如，图 1.4 的 Petri 网的初始标识也可以同时被定义为终止标识，表示系统可以终而复始地运行。

定义 1.4 (死锁) 给定一个 Petri 网 (N, M_0) 和它的一组终止标识 $\mathbb{M}_d$，如果可达标识 M 没有后继又不属于终止标识集（$M \notin \mathbb{M}_d$），则称 M 是一个死锁。

可以利用可达图判定一个 Petri 网是否有死锁，但不容易，因为可达图的节点数（可达标识数）随着网规模的增加或初始标识的托肯数的增加会呈指数级增长，这是并发的变迁在可达图上交替发生、从而出现各种组合情况所导致的，即所谓的状态爆炸问题。在图 1.6 所示的 Petri 网中，变迁之间均是并发的，由乘法原则知其可达标识数为 2^n；若初始的托肯数均由 1 个改为 2 个，则可达标识数为 3^n。接下来从理论上证明，Petri 网的死锁判定问题是 NP-难的（NP-hard），证明方法是将一个已知的 NP-完全问题在多项式时间内规约为 Petri 网的死锁问题，

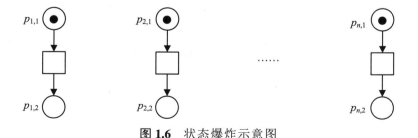

图 1.6 状态爆炸示意图

此处利用经典的"划分问题"[①]。

划分问题（partition problem）：给定有限个物品的集合 S，每个物品 $a \in S$ 有一个正整数尺寸 $size(a)$，问：是否存在 S 的一个划分 S_1 和 S_2 满足

$$\sum_{a \in S_1} size(a) = \sum_{a \in S_2} size(a)$$

注：这样的一个划分称作"等尺寸和的划分"。

定理 1.8 (划分问题的时间复杂度)   划分问题是 NP–完全的。

Petri 网的死锁问题：给定一个 Petri 网以及一组终止标识，该 Petri 网是否存在死锁？

定理 1.9 (死锁问题的时间复杂度)   Petri 网的死锁问题是 NP–难的。

证明：因为某些物品的尺寸有可能相同，所以 $[\![size(a) \mid a \in S]\!]$ 是一个多集。不妨设

$$\sum_{a \in S} size(a)$$

是偶数，否则，符合要求的划分显然不存在，在此假设下，令

$$half = \frac{1}{2} \sum_{a \in S} size(a)$$

则 $half$ 是一正整数。针对给定的一组物品以及它们的尺寸，可以多项式时间构造图 1.7 所示的 Petri 网，初始标识为 $[\![half \cdot p_0, p'_0, p_{0_1}, p_{a_1}, p_{a_2}, \cdots, p_{a_{|S|}}]\!]$，终止标识为 $[\![half \cdot p_0, p'_0, p'_{0_1}, p'_{a_1}, p'_{a_2}, \cdots, p'_{a_{|S|}}]\!]$。显然，如果存在一个划分使得两部分中的元素之和相等，则在图 1.7 所示的 Petri 网中发生任一部分所对应的变迁就可以将 p_0 中的 $half$ 个托肯移走，而此时再发生变迁 t_{0_1} 消耗掉 p'_0 中的这个托肯，就产生一个死锁；如果不存在这样的一个划分，则该 Petri 网就不存在死锁。因此，给定一组物品的集合，它存在等尺寸和的划分，当且仅当所对应的 Petri 网存在死锁。所以，死锁问题是 NP–难的。

[①] 计算复杂性的知识超出了本书的范围，感兴趣的读者可阅读文献 [9]，但本小节的证明直观上是易于理解的，所使用的 NP–完全问题（划分问题）选自文献 [10]。

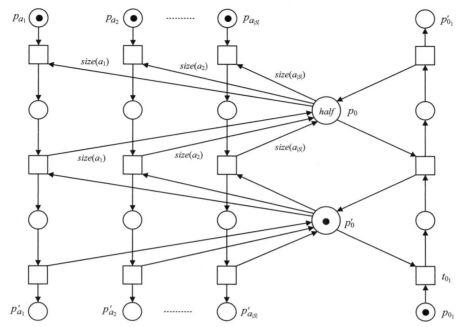

图 1.7 判定划分问题的 Petri 网，其中 $S = \{a_1, a_2, \cdots, a_{|S|}\}$

习   题

1. 已知 $|X| \leqslant |Y|$，证明从 X 到 Y 的单射函数的个数为 $|Y|^{\underline{|X|}}$。（提示：归结为集合上的排列问题）

2. n 个不同的字符 a_1、a_2、$\cdots$、a_n 依次进栈恰一次，字符可随进随出，问有多少种不同的出栈方式？

3. 已知 k_1、k_2、$\cdots$、k_n 均为正整数。将 $k_1 + k_2 + \cdots + k_n$ 个不同物品放入 n 个不同的盒子 Box_1、Box_2、$\cdots$、Box_n 中，要求 Box_j 中放入 k_j 个物品（$1 \leqslant j \leqslant n$），问有多少种不同的放法？并展示该问题与定理 1.5 的关系。

4. 有 k 个车，其中 c_j 色的车有 k_j 个（$1 \leqslant j \leqslant n$），$k_1 + k_2 + \cdots + k_n = k$。将这 k 个车放置在 $k \times k$ 的棋盘上，要求任何两个车不在同一行也不在同一列。证明：不同的放法数为

$$\frac{(k!)^2}{k_1! k_2! \cdots k_n!}$$

5. 将 k 个相同的物品放入 n 个不同的盒子中，证明：不同的放法数为

$$\binom{k + n - 1}{k}$$

并展示该结论与定理 1.6 的关系。

6. 图 1.8 所示的格子路径中，$n \geqslant 0$，从 $(0,0)$ 沿着与 x 轴和 y 轴箭头方向同向的边走到 (n,n)，且要求在对角线右下方走，不能穿过对角线，问有多少种走法？（提示：查阅卡特兰数相关知识）

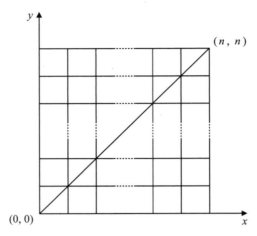

图 1.8　格子路径（在对角线右下方的路径上行走）

7. 已知多集 $M = [\![\infty \cdot a_1, \infty \cdot a_2, \cdots, \infty \cdot a_n]\!]$，证明：每个元素至少出现一次的 M 的 k-元组合数为

$$\binom{k-1}{n-1}$$

8. 令整数 n（$n > 1$）的素因子分解式为 $n = p_1^{k_1} p_2^{k_2} \cdots p_j^{k_j}$，其中每个素因子的幂均大于或等于 1。求能整除 n 的正整数的个数。

9. 求不定方程 $x_1 + x_2 + \cdots + x_9 = 50$ 满足约束 $x_k \geqslant k$（$1 \leqslant k \leqslant 9$）的整数解的个数。

10. 编程实现 Petri 网的输入、可达图的生成，以及死锁检测。思考：是否对所有的 Petri 网，其可达图都可以生成？

11. 给定一个 Petri 网，如果将变迁与库所安排一个顺序，在该顺序下可以构造一个"变迁对应行、库所对应列"的矩阵，而标识也对应一个行向量，基于这样定义的矩阵与行向量，给出变迁使能与发生的规则，并给出标识可达的一个必要条件。（提示：第 10 与 11 两题可参考文献 [6]）

12. 下面是一个使用锁变量的 RUST 程序，试构造其 Petri 网模型，并通过模型分析是否存在死锁。（提示：可参考文献 [11] 和 [12]。）

使用锁变量的 RUST 程序

```rust
use std::sync::{Arc, RwLock};
use std::thread;
struct MyStruct {
  rw1: RwLock<i32>,
  rw2: RwLock<u8>
}
impl MyStruct {
  fn new() -> Self {
    Self { rw1: RwLock::new(1), rw2: RwLock::new(1) }
  }
  fn rw1_rw2(&self) -> u8 {
    let mut rw1 = self.rw1.write().unwrap();
    *rw1 += 1;
    let ret1 = self.rw2.read().unwrap();
    *ret1
  }
  fn rw2_rw1(&self) -> i32 {
    let mut rw2 = self.rw2.write().unwrap();
    *rw2 += 1;
    let ret2 = self.rw1.read().unwrap();
    *ret2
  }
}
fn main() {
  let my_struct = Arc::new(MyStruct::new());
  let c = Arc::clone(&my_struct);
  let th1 = thread::spawn(move || { c.rw1_rw2(); });
  my_struct.rw2_rw1();
  th1.join().unwrap();
}
```

第2章 二项式定理与信息熵

本章讲述二项式定理与二项式系数、多项式定理与多项式系数、二项分布及其熵，以及一些相关的性质，最后介绍决策树学习用于展示信息熵的应用。

2.1 二项式定理与多项式定理

第1章已指出：n 选 k 的组合数 $\binom{n}{k}$ 又称作二项式系数（binomial coefficient），该名称源自如下二项式定理（binomial theorem）①。

定理 2.1 (二项式定理) 已知 n 是正整数，对任意的实数 x 和 y，有

$$(x+y)^n = \sum_{k=0}^{n} \binom{n}{k} x^{n-k} y^k \tag{2.1}$$

可以利用组合意义解释该定理，$(x+y)^n$ 的展开式是由 n 项 $(x+y)$ 相乘得到的，因此展开式中每一项的 x 和 y 的幂之和为 n。对一个 $x^{n-k}y^k$ 来说，它是由 n 项 $(x+y)$ 中的某 $(n-k)$ 项取 x 而其他 k 项取 y 所得到的，这种取法共有 $\binom{n}{k}$ 种，所以 $x^{n-k}y^k$ 的系数为 $\binom{n}{k}$。使用归纳法也容易证明该结论，留作课下作业。

性质 2.1 (二项式系数对称性) 已知 $n \in \mathbb{N}$、$k \in \mathbb{N}$ 且 $n \geqslant k$，则

$$\binom{n}{k} = \binom{n}{n-k} \tag{2.2}$$

该对称性在第1章已介绍过，此处不再赘述。

性质 2.2 (二项式系数单峰性) 已知 $n \in \mathbb{N}$，则

$$\binom{n}{0} < \binom{n}{1} < \cdots < \binom{n}{\frac{n-[n\,odd]}{2}} = \binom{n}{\frac{n+[n\,odd]}{2}} > \cdots > \binom{n}{n-1} > \binom{n}{n} \tag{2.3}$$

---

① 二项式系数，在公元 10 世纪至公元 15 世纪之间，世界多地的数学家对其有过构造与使用，如我国北宋数学家贾宪给出了直至 6 次幂的二项式系数表，但均未建立一般正整数幂的二项式定理，直至法国数学家帕斯卡（Blaise Pascal，1623–1662）于 1654 年创建该定理[13]。

表达式 $[\cdots]$ 被称为艾佛森约定（Iverson's convention）[①]。对艾佛森约定 $[n\,odd]$ 来说，当 n 是奇数时，其值为 1，当 n 是偶数时，其值为 0。显然，当 n 是奇数时，中间的两项分别为

$$\binom{n}{\frac{n-1}{2}} \text{ 和 } \binom{n}{\frac{n+1}{2}}$$

而当 n 是偶数时，它们是同一项，即

$$\binom{n}{\frac{n}{2}}$$

依据对称性，只须考虑 $0 < k \leqslant \frac{n-[n\,odd]}{2}$ 时 $\binom{n}{k-1}$ 与 $\binom{n}{k}$ 的比值即可：

$$\frac{\binom{n}{k-1}}{\binom{n}{k}} = \frac{k}{n-k+1} \leqslant \frac{\frac{n-[n\,odd]}{2}}{n-\frac{n-[n\,odd]}{2}+1} = \frac{n-[n\,odd]}{n+[n\,odd]+2} < 1$$

所以结论成立。

二项式定理可以推广到实数幂的情况[②]，如定理2.2所示。

定理 2.2 (广义二项式定理)　对一切实数 λ 和 x $(|x| < 1)$，有

$$(1+x)^\lambda = \sum_{k=0}^{\infty} \binom{\lambda}{k} x^k \tag{2.4}$$

其中

$$\binom{\lambda}{k} = \frac{\lambda(\lambda-1)\cdots(\lambda-k+1)}{k!} \tag{2.5}$$

被称为*广义二项式系数*（generalized binomial coefficient）。

广义二项式定理（generalized binomial theorem）的证明超出本书范围，感兴趣的读者可查阅相关资料。下面给出几个特殊情况。

[①] 艾佛森约定最初来自图灵奖获得者艾佛森（Kenneth E. Iverson，美国计算机科学家，1920–2004），他将一个二元关系放在一对圆括号中用于构造特征函数[14]；后来另一位图灵奖获得者克努特（Donald E. Knuth，美国计算机科学家，1938–）将其改进并极力推荐使用[15]，可将任一逻辑命题放在一对方括号中，当逻辑命题为真时，相应的艾佛森约定的值为1，否则其值为0。

[②] 牛顿（Isaac Newton，1643–1727，英国数学家、物理学家）将正整数幂形式的二项式定理推广到有理数幂的情况（其墓碑上就刻着所发现的二项式定理，但表达形式与此处不同），而欧拉（Leonhard Euler，1707–1783，瑞士数学家）与卡斯蒂隆（Jean de Castillon，原名 Giovanni F. Salvemini，1709–1791，意大利数学家）将其推广到实数幂的情况[13]。

1. 二项式的幂是负整数

已知 n 为一个正整数，令式 (2.5) 中的 $\lambda = -n$，则有

$$
\begin{aligned}
\binom{-n}{k} &= \frac{(-n)(-n-1)\cdots(-n-k+1)}{k!} \\
&= (-1)^k \frac{(n+k-1)(n+k-2)\cdots(n+1)n}{k!} \\
&= (-1)^k \binom{n+k-1}{k}
\end{aligned}
$$

由式 (2.4) 得

$$
(1+x)^{-n} = \sum_{k=0}^{\infty} (-1)^k \binom{n+k-1}{k} x^k \tag{2.6}
$$

若式 (2.6) 中的 x 用 $-x$ 替换，则得到

$$
(1-x)^{-n} = \sum_{k=0}^{\infty} \binom{n+k-1}{k} x^k \tag{2.7}
$$

若式 (2.7) 中的 n 用 1 替换，则得到

$$
(1-x)^{-1} = 1 + x + x^2 + x^3 + \cdots \tag{2.8}
$$

也可以依据 $(1-x)^{-1}$ 的展开式从组合意义上解释 $(1-x)^{-n}$ 的展开式中的系数 $\binom{n+k-1}{k}$。因为

$$
(1-x)^{-n} = \underbrace{(1+x+x^2+x^3+\cdots)\cdots(1+x+x^2+x^3+\cdots)}_{n\ \text{个因子}}
$$

所以 $(1-x)^{-n}$ 的展开式中的一个 x^k 可以看作由第一个因子中的 x^{k_1}、第二个因子中的 x^{k_2}、$\cdots$、第 n 个因子中的 x^{k_n} 相乘得到的，且

$$
k_1 + k_2 + \cdots + k_n = k, \quad k_1 \geqslant 0, \ k_2 \geqslant 0, \ \cdots, \ k_n \geqslant 0
$$

因此，$(1-x)^{-n}$ 的展开式中 x^k 的个数即为上述不定方程的非负整数解的个数，

由定理 1.6 知其为

$$\binom{n+k-1}{k}$$

2. 二项式的幂是 1/2

因为

$$
\begin{aligned}
\binom{\frac{1}{2}}{k} &= \frac{\frac{1}{2}(\frac{1}{2}-1)\cdots(\frac{1}{2}-k+1)}{k!} = (-1)^{k-1}\cdot\frac{1}{2^k}\cdot\frac{1\cdot3\cdot\cdots\cdot(2k-3)}{k!}\\
&= (-1)^{k-1}\cdot\frac{1}{2^k}\cdot\frac{1\cdot2\cdot3\cdot4\cdot\cdots\cdot(2k-3)\cdot(2k-2)\cdot(2k-1)\cdot2k}{k!\cdot(2k-1)\cdot(2\cdot4\cdot\cdots\cdot(2k-2)\cdot2k)}\\
&= (-1)^{k-1}\cdot\frac{1}{2^{2k}}\cdot\frac{(2k)!}{(2k-1)\cdot k!\cdot k!}\\
&= (-1)^{k-1}\cdot\frac{1}{(2k-1)\cdot2^{2k}}\cdot\binom{2k}{k}
\end{aligned}
$$

所以，

$$\sqrt{1+x} = \sum_{k=0}^{\infty}(-1)^{k-1}\cdot\frac{1}{(2k-1)\cdot2^{2k}}\cdot\binom{2k}{k}\cdot x^k \tag{2.9}$$

当年，牛顿就是从探索 $\sqrt{1-x^2}$ 的展开发明了微积分，而将上式中的 x 替换为 $-x^2$ 就得到 $\sqrt{1-x^2}$ 的展开：

$$
\begin{aligned}
\sqrt{1-x^2} &= \sum_{k=0}^{\infty}(-1)^{2k-1}\cdot\frac{1}{(2k-1)\cdot2^{2k}}\cdot\binom{2k}{k}\cdot x^{2k}\\
&= 1-\left(\sum_{k=1}^{\infty}\frac{1}{(2k-1)\cdot2^{2k}}\cdot\binom{2k}{k}\cdot x^{2k}\right)
\end{aligned} \tag{2.10}
$$

二项式定理还可以推广到多项式的情况[①]，如定理2.3所示。

定理 2.3 (多项式定理) 已知正整数 n 和 k，对任意实数 x_1、x_2、$\cdots$、x_k 有

$$(x_1+x_2+\cdots+x_k)^n = \sum_{\substack{0\leqslant n_1,n_2,\cdots,n_k\leqslant n\\ n_1+n_2+\cdots+n_k=n}}\binom{n}{n_1,n_2,\cdots,n_k}x_1^{n_1}x_2^{n_2}\cdots x_k^{n_k} \tag{2.11}$$

---

① 多项式定理由德国数学家莱布尼兹（Gottfried W. Leibniz，1646–1716）发现[16]。

其中，

$$\binom{n}{n_1, n_2, \cdots, n_k} = \frac{n!}{n_1! n_2! \cdots n_k!} \tag{2.12}$$

被称为多项式系数（multinomial coefficient）。

从组合意义上解释多项式定理（multinomial theorem）：先从 n 项 $(x_1 + x_2 + \cdots + x_k)$ 中选择 n_1 项，取这些项的 x_1 来生成 $x_1^{n_1}$，共有 $\binom{n}{n_1}$ 种选择；固定一种选择，再从剩余的 $n - n_1$ 项 $(x_1 + x_2 + \cdots + x_k)$ 中选择 n_2 项，取这些项的 x_2 来生成 $x_2^{n_2}$，共有 $\binom{n - n_1}{n_2}$ 种选择；如此下去，由乘法原则知 $x_1^{n_1} x_2^{n_2} \cdots x_k^{n_k}$ 的系数为

$$\binom{n}{n_1} \binom{n - n_1}{n_2} \binom{n - n_1 - n_2}{n_3} \cdots \binom{n_k}{n_k} = \frac{n!}{n_1! n_2! \cdots n_k!}$$

2.2 二项式恒等式

存在大量与二项式系数有关的恒等式[①]，简称二项式恒等式（binomial identity），本节介绍一些基本且常用的。

性质 2.3 (帕斯卡递归关系) 已知 $n \in \mathbb{N}$、$k \in \mathbb{N}$，则

$$\binom{n+1}{k+1} = \binom{n}{k+1} + \binom{n}{k} \tag{2.13}$$

其中，

$$\forall n \geqslant 0: \binom{n}{0} = 1, \quad \forall k \geqslant 0: \binom{0}{k} = [k = 0]$$

对艾佛森约定 $[k = 0]$ 来说，若 $k = 0$，则其值为 1，若 $k \neq 0$，则其值为 0。

帕斯卡递归关系（Pascal's recurrence relation），也称作二项式系数的递归关系，依据二项式系数的计算公式很容易证明，而利用组合意义解释该公式也容易理解。左边意味着 $(n+1)$–元集合的 $(k+1)$–元子集数；固定这样一个 $(n+1)$–元集合的一个元素，任何 $(k+1)$–元子集要么不包含这个元素，要么包含它；前者的数目相当于从剩余的 n–元集合中取 $(k+1)$–元子集的个数，共 $\binom{n}{k+1}$ 个；后者的数目意味着从剩余的 n–元集合中取 k–元子集的个数，共 $\binom{n}{k}$ 个。众所周知的杨

[①] 文献 [17] 总结了大量的二项式恒等式，并提供了多种类型的证明。

辉三角形（或称贾宪三角形、帕斯卡三角形），如表 2.1 所示，第 n 行对应 n 次幂的二项式展开的系数数列；第 $(n+1)$ 行第 $(k+1)$ 列的值恰好为第 n 行第 $(k+1)$ 列的值与第 n 行第 k 列的值之和，与该递归关系所描述的一致。

表 2.1　杨辉三角形

$\binom{n}{k}$　k n	0	1	2	3	4	5	6	$\cdots$
0	1							
1	1	1						
2	1	2	1					
3	1	3	3	1				
4	1	4	6	4	1			
5	1	5	10	10	5	1		
6	1	6	15	20	15	6	1	
$\vdots$	$\vdots$	$\vdots$	$\vdots$	$\vdots$	$\vdots$	$\vdots$	$\vdots$	$\vdots$

性质 2.4 (二项式系数全和恒等式)　已知 $n \in \mathbb{N}$，则

$$\sum_{k=0}^{n} \binom{n}{k} = \binom{n}{0} + \binom{n}{1} + \cdots + \binom{n}{n} = 2^n \qquad (2.14)$$

将二项式定理中的 x 和 y 均赋值为 1 即可得到该等式，也可以从组合意义上解释它。等式左边意味着一个 n–元集合的所有子集的个数（这也是本书给该等式命名"全和恒等式"的原因），而 n–元集合的所有子集恰好与长度为 n 的所有二进制数存在一一对应[①]，因此共 2^n 个。

性质 2.5 (二项式系数奇偶互等性)　当 $n > 0$ 时，有

$$\sum_{k=0}^{\lfloor \frac{n}{2} \rfloor} \binom{n}{2k} = \sum_{k=0}^{\lfloor \frac{n-1}{2} \rfloor} \binom{n}{2k+1} \qquad (2.15)$$

等式左边是二项式展开中 y 的幂次为偶数的那些项的系数之和，右边则为 y 的幂次为奇数的那些项的系数之和。至于两边和式中变量 k 的最后一个取值，完全可以通过考虑 n 是偶数与奇数两种情况来验证，此处不再赘述。当然，该等式也可以写为

$$\sum_{k=0}^{\infty} \binom{n}{2k} = \sum_{k=0}^{\infty} \binom{n}{2k+1}$$

---

① 固定 n 个元素的一个顺序，让它们对应长度为 n 的二进制数的 n 个比特位，则给定一个长度为 n 的二进制数，为 1 的比特位对应的元素就构成一个子集；相应地，给定一个子集，让子集中的元素对应的比特位为 1，而不在子集中的元素对应的比特位为 0，则该子集就对应一个长度为 n 的二进制数；因此，n–元集合的所有子集与长度为 n 的所有二进制数一一对应。

这是因为当 $2k$ 或 $2k+1$ 的值超过 n 时，相应的组合数是 0。要证该结论，只须将二项式定理中的 x 赋值为 1、y 赋值为 -1，就有

$$\sum_{k=0}^{n}(-1)^k\binom{n}{k}=0 \tag{2.16}$$

然后，将负项移到右边即得证。

也可以利用组合意义证明奇偶互等性，等式左边是 n–元集合的含有偶数个元素的子集的总数目，而右边是 n–元集合的含有奇数个元素的子集的总数目，给定 n–元集合的所有含有偶数个元素的子集，容易构建其所有含有奇数个元素的子集（即建立两类子集间的一个一一映射）。针对一元素，譬如说 a，如果一个含有偶数个元素的子集包含 a，则将 a 从该子集中删除就得到一个含有奇数个元素的子集；如果一个含有偶数个元素的子集不包含 a，则将 a 放入该子集从而得到一个含有奇数个元素的子集。后面章节会多次用到二项式系数的奇偶互等性，特别是使用式 (2.16) 的形式。

下面两个恒等式均可由帕斯卡递归关系逐步展开而得到，或使用归纳法再利用帕斯卡递归关系证明，此处不再赘述，而本书分别称之为"二项式系数递归展开式一"[①]与"二项式系数递归展开式二"。

性质 2.6 (二项式系数递归展开式一) 已知 $m\in\mathbb{N}$、$n\in\mathbb{N}$，则

$$\sum_{k=0}^{n}\binom{m+k}{k}=\binom{m}{0}+\binom{m+1}{1}+\cdots+\binom{m+n}{n}=\binom{m+n+1}{n} \tag{2.17}$$

性质 2.7 (二项式系数递归展开式二) 已知 $m\in\mathbb{N}$、$n\in\mathbb{N}$，则

$$\sum_{k=0}^{n}\binom{k}{m}=\binom{0}{m}+\binom{1}{m}+\cdots+\binom{n}{m}=\binom{n+1}{m+1} \tag{2.18}$$

也可以从组合意义解释递归展开式一，留作课下作业。

下面从组合意义解释递归展开式二，等式右边意味着 $(n+1)$–元集合的 $(m+1)$–元子集数，不妨记 $(n+1)$–元集合为 $S=\{a_1,a_2,\cdots,a_n,a_{n+1}\}$，而这些子集可以分为如下 $n+1$ 类：

第 (1) 类：含有 a_1。这相当于取 $S\setminus\{a_1\}$ 的每个 m–元子集再放入 a_1，所以共

[①]有的文献，如文献 [17]，也将递归展开式一称作平行恒等式（parallel identity）。

有 $\binom{n}{m}$ 个。

第 (2) 类：不含有 a_1 但含有 a_2。这相当于取 $S \setminus \{a_1, a_2\}$ 的每个 m-元子集再放入 a_2，所以共有 $\binom{n-1}{m}$ 个。

$\cdots$

第 $(n+1)$ 类：不含有 a_1、a_2、$\cdots$、a_n，但含有 a_{n+1}。这相当于取 $S \setminus \{a_1, a_2, \cdots, a_n, a_{n+1}\}$ 的每个 m-元子集再放入 a_{n+1}，所以共有 $\binom{0}{m}$ 个。

基于以上分类，由加法原则就得到二项式系数的递归展开式二。有意思的是，也可以利用二项式系数的递归展开式一和对称性来证明递归展开式二：

$$\sum_{k=0}^{n} \binom{k}{m} \xlongequal{j=k-m} \sum_{j=-m}^{n-m} \binom{m+j}{m} = \sum_{-m \leqslant j < 0} \binom{m+j}{m} + \sum_{0 \leqslant j \leqslant n-m} \binom{m+j}{m}$$

$$\xlongequal{对称性} 0 + \sum_{j=0}^{n-m} \binom{m+j}{j} \xlongequal{递归展开式一} \binom{m+(n-m)+1}{n-m}$$

$$\xlongequal{对称性} \binom{n+1}{m+1}$$

针对递归展开式二，令 $m = 1$，则为如下算术级数之和：

$$\binom{0}{1} + \binom{1}{1} + \cdots + \binom{n}{1} = 0 + 1 + \cdots + n = \binom{n+1}{2} = \frac{n(n+1)}{2}$$

递归展开式二可以进一步推广而得到朱世杰恒等式（Zhu's identity）[①]。

性质 2.8 (朱世杰恒等式) 已知 $m \in \mathbb{N}$、$n \in \mathbb{N}$、$l \in \mathbb{N}$，则

$$\sum_{k=l}^{n} \binom{k}{m} = \binom{n+1}{m+1} - \binom{l}{m+1} \tag{2.19}$$

若将朱世杰恒等式中的 l 替换为 0，则为递归展开式二，而依据递归展开式二也能够推出朱世杰恒等式，因为

$$\binom{n}{m} + \binom{n-1}{m} + \cdots + \binom{0}{m} = \binom{n+1}{m+1}$$

---

① 朱世杰（1249–1314，我国元代数学家）在其著作[18]所列的问题及其求解中，还可以得出其他一些恒等式[19]。

所以将其中的 n 替换为 $l-1$ 就有

$$\binom{l-1}{m} + \binom{l-2}{m} + \cdots + \binom{0}{m} = \binom{l}{m+1}$$

两个等式左右两边分别作差即得朱世杰恒等式。因此，朱世杰恒等式和二项式系数的递归展开式二是等价的。

性质 2.9 (中心二项式系数恒等式) 已知 $n \in \mathbb{N}$，则

$$\sum_{k=0}^{n} \binom{n}{k}^2 = \binom{2n}{n} \tag{2.20}$$

$\binom{2n}{n}$ 称为中心二项式系数（central binomial coefficient），从上一小节考查幂次是 $\frac{1}{2}$ 以及本章习题 9 考查幂次是 $-\frac{1}{2}$ 的情况可以看到，中心二项式系数与开平方的展开式密切相关。$\binom{2n}{n}$ 可以看作从 $(2n)$–元集合中取出 n 个元素的取法数，而每一种取法可以看作将集合等分为两个子集，然后先从第一个子集中取 k 个、再从第二个子集中取 $n-k$ 个，$k=0,1,\cdots,n$。依据乘法原则与加法原则就有

$$\sum_{k=0}^{n} \binom{n}{k}\binom{n}{n-k} = \binom{2n}{n} \tag{2.21}$$

再依据对称性将 $\binom{n}{n-k}$ 替换为 $\binom{n}{k}$ 就得到所要的等式。

式 (2.21) 可被推广到一般形式：有两个互不相交的集合，分别有 m 和 n 个元素，则从它们中取 l（$0 \leqslant l \leqslant m+n$）个元素的取法，等价于先从第一个中取 k 个、再从第二个中取 $l-k$ 个，$k=0,1,\cdots,l$，从而得到范德蒙恒等式（Vandermonde's identity）[1]。

性质 2.10 (范德蒙恒等式) 已知 $m \in \mathbb{N}$、$n \in \mathbb{N}$、$l \in \mathbb{N}$，则

$$\sum_{k=0}^{l} \binom{m}{k}\binom{n}{l-k} = \binom{m+n}{l} \tag{2.22}$$

性质 2.11 (二项式系数吸收性) 已知 $n \in \mathbb{N}$、$m \in \mathbb{N}$ 且 $m \neq 0$，则

$$\binom{n}{m} = \frac{n}{m}\binom{n-1}{m-1} \tag{2.23}$$

依据二项式系数的计算公式很容易证明吸收性，也可以从组合意义上解释。

---

[1] 范德蒙（Alexandre T. Van der Monde），1735–1796，法国数学家。

把式 (2.23) 稍作修改如下：

$$m\binom{n}{m} = n\binom{n-1}{m-1}$$

则左边可以看作有 n 个人的社团，从中选出 m 人小组、并从 m 人小组中再选择 1 人为组长的组合数。这种构建小组的方法，可以等价地改为：先从 n 个人中选择 1 位作组长，然后再从剩下的 $n-1$ 中选择 $m-1$ 人为组员，组合数恰好为等式右边。吸收性（absorption）也可以看作将 n 与 m 的移入移出操作（move-in move-out）。

性质 2.12 (二项式系数三转二性) 　已知 $m \in \mathbb{N}$、$n \in \mathbb{N}$、$k \in \mathbb{N}$，则

$$\binom{n}{m}\binom{m}{k} = \binom{n}{k}\binom{n-k}{m-k} \tag{2.24}$$

"三转二性"① 是说三项式的系数可以用二项式系数的乘积表示。该等式基于二项式系数的计算公式很容易证明，此处不赘述，下面从三项式系数的组合意义上给出解释。利用对称性将等式左边稍作变换：

$$\binom{n}{m}\binom{m}{k} = \binom{n}{n-m}\binom{m}{k}$$

而 $\binom{n}{n-m}\binom{m}{k}$ 可以解释为在 n 次幂的三项式

$$(x+y+z)^n = \underbrace{(x+y+z)(x+y+z)\cdots(x+y+z)}_{n \text{ 项}}$$

中选择 $n-m$ 项，从每项中取 x，共有 $\binom{n}{n-m}$ 种取法；固定一种取法，从剩余的 m 项中选择 k 项，从中取 y（剩余项均取 z），共有 $\binom{m}{k}$ 种取法；利用乘法原则知 $x^{n-m}y^k z^{m-k}$ 的系数为 $\binom{n}{n-m}\binom{m}{k}$。该系数还可以如此解释：在 n 次幂的三项式中先选择 k 项，从每项中取 y，共有 $\binom{n}{k}$ 种取法；固定一种取法，从剩余的 $n-k$ 项中选择 $m-k$ 项，从每项中取 z（剩余项均取 x），共有 $\binom{n-k}{m-k}$；同样由乘法原则知 $x^{n-m}y^k z^{m-k}$ 的系数为 $\binom{n}{k}\binom{n-k}{m-k}$，恰好为式 (2.24) 的右边。

请注意，吸收性恒等式是三转二性恒等式的一个特殊情况，只须将三转二性恒等式中的 k 赋值为 1 即可。后面章节也会经常用到三转二性与吸收性。下一个性质与第6章所讲的第二类斯特林数密切相关，也与第1章多集上每个元素都出现

---

① 有的文献，如文献 [17]，用"trinomial revision"命名（直译：三项式修订版）

的排列数（即定理 1.7）密切相关，此处将其命名为"划分超限性"[①]。

性质 2.13 (划分超限性) 已知 $0 \leqslant n < m$，则

$$\sum_{k=0}^{m}(-1)^k\binom{m}{k}(m-k)^n = 0 \tag{2.25}$$

证明： 由奇偶互等性知，当 $n = 0$ 时，对任意的 $m > 0$，等式都成立（规定 $0^0 = 1$）。由对称性知，当 $n > 0$ 时，对任意的 $m > n$ 都有

$$\sum_{k=0}^{m}(-1)^k\binom{m}{k}(m-k)^n = \sum_{k=0}^{m}(-1)^k\binom{m}{m-k}(m-k)^n = \sum_{k=0}^{m}(-1)^{m-k}\binom{m}{k}k^n$$

由二项式定理知

$$(1-x)^m = \sum_{k=0}^{m}(-1)^k\binom{m}{k}x^k$$

该等式两边求关于 x 的导数则有

$$-m(1-x)^{m-1} = \sum_{k=0}^{m}(-1)^k\binom{m}{k}kx^{k-1} \tag{2.26}$$

对式 (2.26) 两边同乘以 x，然后继续求关于 x 的导数则有

$$-m(1-x)^{m-1} + m(m-1)x(1-x)^{m-2} = \sum_{k=0}^{m}(-1)^k\binom{m}{k}k^2x^{k-1} \tag{2.27}$$

同样，对式 (2.27) 的两边同乘以 x，然后再求关于 x 的导数，如此下去直至右边出现 k^n。不难发现，左边每一项都含有因子 $(1-x)$，此时令 $x = 1$ 就有

$$0 = \sum_{k=0}^{m}(-1)^k\binom{m}{k}k^n = \sum_{k=0}^{m}(-1)^{-k}\binom{m}{k}k^n$$

[①] 因为公式

$$\frac{1}{m!}\sum_{k=0}^{m}(-1)^k\binom{m}{k}(m-k)^n$$

在 $n \geqslant m$ 时为第二类斯特林数的计数公式（见第 6 章），即将 n–元集合划分为 m 个非空子集的所有不同的划分数；而当 $n < m$ 时，由鸽巢原理知这样的划分（将 n–元集合划分为超过 n 个的非空子集）显然不存在，即其值为 0，所以，本书将其命名为"划分超限性"。文献 [17] 提供了一个基于生成函数的证明（生成函数在第 5 章讲述），此处的证明实际上是生成函数的思想，但暂时不需要关心它，利用二项式定理的知识同样可以理解。

该等式两边同乘以 $(-1)^m$ 就有

$$0 = \sum_{k=0}^{m} (-1)^{m-k} \binom{m}{k} k^n$$

结论成立。

2.3 二项分布及其熵

只有两种结果的随机试验称为伯努利试验（Bernoulli trials），如抛硬币，试验结果要么出现正面（成功），要么出现反面（失败）。令随机变量 $X = 1$ 表示试验成功，$X = 0$ 表示试验失败，记 $q = Pr(X = 1) \in (0, 1)$，则 $Pr(X = 0) = 1 - q$，称 X 是服从概率 q 的 **0–1** 分布，记为 $X \sim \mathcal{B}(1, q)$。

独立重复 n 次伯努利试验（每一次试验成功的概率为 q），令随机变量 X 表示 n 次独立试验中成功的次数，则称 X 是服从参数 n 和 q 的二项分布（binomial distribution）[①]，记为 $X \sim \mathcal{B}(n, q)$。

定理 2.4 (二项分布概率公式) 如果 $X \sim \mathcal{B}(n, q)$，则 $X = k$ 的概率为

$$Pr(X = k) = \binom{n}{k} q^k (1 - q)^{n-k} \tag{2.28}$$

其中，$k \in \{0, 1, 2, \cdots, n\}$。

证明： n 次独立的实验中恰好前 k 次成功、而其余 $n-k$ 次失败，这种情况发生的概率为 $q^k (1 - q)^{n-k}$；由组合计数的基本原理（定理 1.3）知共有 $\binom{n}{k}$ 种类似的情况（即恰好有 k 次成功与 $n-k$ 次失败），所以

$$Pr(X = k) = \binom{n}{k} q^k (1 - q)^{n-k}$$

其中，$k \in \{0, 1, 2, \cdots, n\}$。

因为 k 只可以取遍 0、1、$\cdots$、n，所以所有这些情况的概率之和应当为 1。

---

① 二项分布又称伯努利分布（Bernoulli distribution），是瑞士数学家伯努利（Johann Bernoulli，1667–1748）提出的；显然，**0–1** 分布是二项分布当 $n = 1$ 时的特殊情况，即 $X = 0$ 或者 $X = 1$；二项分布的概念与概率公式的证明选自文献 [17]。

定理 2.5 如果 $X \sim \mathcal{B}(n, q)$，则

$$\sum_{k=0}^{n} Pr(X = k) = \sum_{k=0}^{n} \binom{n}{k} q^k (1-q)^{n-k} = 1 \qquad (2.29)$$

证明： 只须令二项式定理中的 $y = q$ 和 $x = 1 - q$ 即可得此结论。

下面给出一个与二项式系数和相关的不等式[①]，后面章节还会用到它。

定理 2.6 (二项式系数界值定理) 已知 $0 < q \leqslant 1/2$，则

$$\sum_{k=0}^{\lfloor q \cdot n \rfloor} \binom{n}{k} \leqslant 2^{\mathcal{H}(q) \cdot n} \qquad (2.30)$$

其中，$\mathcal{H}(q) = -q \cdot \log_2 q - (1-q) \cdot \log_2(1-q)$。

证明： $0 < q \leqslant 1/2$ 时，$\log_2 q - \log_2(1-q) \leqslant 0$，所以，$\forall k \in [0, \lfloor q \cdot n \rfloor]$：

$$
\begin{aligned}
& k \cdot \log_2 q + (n-k) \cdot \log_2(1-q) + n \cdot \mathcal{H}(q) \\
=\ & k \cdot \log_2 q + (n-k) \cdot \log_2(1-q) - n \cdot q \cdot \log_2 q - n \cdot (1-q) \cdot \log_2(1-q) \\
=\ & (k - q \cdot n) \cdot \log_2 q - (k - q \cdot n) \cdot \log_2(1-q) \\
\geqslant\ & 0
\end{aligned}
$$

即，

$$k \cdot \log_2 q + (n-k) \cdot \log_2(1-q) \geqslant -n \cdot \mathcal{H}(q)$$

对上式化简之后得

$$q^k \cdot (1-q)^{n-k} \geqslant 2^{-n \cdot \mathcal{H}(q)}$$

所以

$$1 = \sum_{k=0}^{n} \binom{n}{k} q^k (1-q)^{n-k} \geqslant \sum_{k=0}^{\lfloor q \cdot n \rfloor} \binom{n}{k} q^k (1-q)^{n-k} \geqslant 2^{-n \cdot H(q)} \sum_{k=0}^{\lfloor q \cdot n \rfloor} \binom{n}{k}$$

结论得证。

下面简单解释 $\mathcal{H}(q)$。香农[②] 提出用如下称为信息熵（information entropy）的

[①] 编者没有查到该界值的原始发现者，这里的表述与证明选自文献 [20]。
[②] 香农（Claude E. Shannon），1916–2001，美国数学家，信息论创始人之一[21]。

公式衡量信息量的大小：

$$\mathcal{H}(X) \triangleq -\sum_x Pr(x) \cdot \log_2 Pr(x) \tag{2.31}$$

其中，X 可以看作一条消息，x 是消息中出现的字母，而 $Pr(x)$ 是字母 x 出现的概率（是在大量消息中统计 x 出现的概率而非本条消息 X 中出现的概率）。熵的单位为比特（bit），后面均省略不写。信息熵也称作香农熵（Shannon entropy）。

　　直观上理解，熵越大，信息的不确定性就越大，即把它搞清楚所需要的信息量就越大。一个概率分布的熵，或称作一个随机变量 X 的熵，其公式就是将上述信息熵公式中的 X 看作概率分布中的随机变量，而公式右边的 x 看作随机变量 X 取的所有值。譬如，服从概率为 q 的 **0–1** 分布的熵记作 $\mathcal{H}(q)$，计算公式如下：

$$\mathcal{H}(q) = -q \cdot \log_2 q - (1-q) \cdot \log_2(1-q) \tag{2.32}$$

又如，服从参数 n 和 q 的二项分布的熵记作 $\mathcal{H}(n, q)$，计算公式如下：

$$
\begin{aligned}
H(n, q) &= -\sum_{k=0}^{n} Pr(X = k) \log_2 Pr(X = k) \\
&= -\sum_{k=0}^{n} \binom{n}{k} q^k (1-q)^{n-k} \log_2 \left(\binom{n}{k} q^k (1-q)^{n-k} \right)
\end{aligned} \tag{2.33}
$$

　　显然，$\mathcal{H}(q) = \mathcal{H}(1, q)$。由信息熵的定义也可知，随机变量 X 的熵与 X 的取值无关，与它的分布有关。

　　图 2.1 展示了 $\mathcal{H}(q)$ 的曲线。当 $q = \frac{1}{2}$ 时 $\mathcal{H}(q)$ 的值最大，为 1；按照前面对信息熵的解释，此时代表信息的不确定性最大，即搞清楚所需要的信息量最大。什么意思呢？举抛硬币的例子来说，若出现正面和反面的概率相等，均为 $\frac{1}{2}$，则猜测抛币结果最困难，需要的信息量最大（可以理解为猜对它需要消耗的能量最大）；若出现正面的概率是 0.1、出现反面的概率是 0.9，则猜测抛币结果就容易多了（可以理解为猜对它需要消耗的能量很小），这是因为不确定性大大减少，而这种情况的信息熵的值确实很小，为 $-0.1 \log_2 0.1 - 0.9 \log_2 0.9 \approx 0.469$。

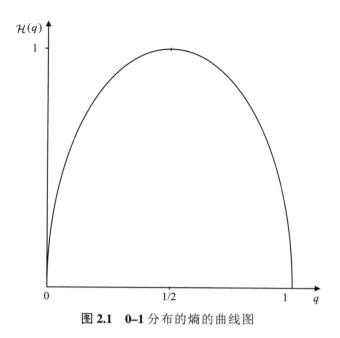

图 2.1 0–1 分布的熵的曲线图

2.4 应用：决策树学习

　　在分类问题中，决策树（decision tree）的叶子节点表示类别，内部节点表示实例的特征或属性。给定一个实例，对其分类的过程就是从决策树的根节点出发，对实例的某一特征进行测试，依据测试的结果将其分配到某一子节点（一个子节点对应该特征的一个取值），如此测试与分配下去直至到达某一叶子节点，则该实例就被分到对应的类别中。图 2.2 展示了一棵决策树。

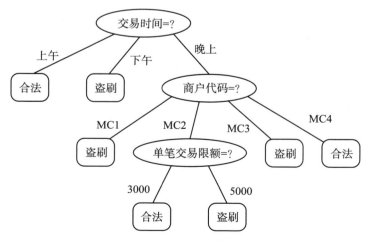

图 2.2 基于表 2.2 所列的数据集并利用算法 2.1 所构造的决策树

决策树学习[①]，就是依据给定的训练数据集学习出一个决策树模型，使其能够对实例进行正确的分类，而学习过程包括特征选择和基于特征选择的决策树生成，为避免过拟合通常还包括剪枝。本节介绍基于信息增益的特征选择方法，以及在此之上所设计的著名的决策树生成算法——ID3。

特征选择的目的是选出对数据有分类能力的特征，一个特征不具有分类能力，是指利用这个特征进行分类的结果与随机分类的结果没有太大差别，而信息增益是进行特征选择的重要准则，ID3 就使用了这一准则。

条件熵（conditional entropy）$\mathcal{H}(Y|X)$ 用于衡量在已知随机变量 X 的条件下随机变量 Y 的不确定性，定义为在给定条件 X 下，Y 的条件概率分布的熵对 X 的期望，即

$$
\begin{aligned}
\mathcal{H}(Y|X) &\triangleq \sum_x Pr(X=x)\mathcal{H}(Y|X=x) \\
&= -\sum_x Pr(X=x) \sum_y Pr(Y=y|X=x) \log_2 Pr(Y=y|X=x) \\
&= -\sum_x \sum_y Pr(X=x, Y=y) \log_2 Pr(Y=y|X=x) \\
&= -\sum_{x,y} Pr(X=x, Y=y) \log_2 Pr(Y=y|X=x)
\end{aligned}
\tag{2.34}
$$

如果熵和条件熵中的概率是由数据估计得到的，则熵和条件熵分别称作经验熵（empirical entropy）与经验条件熵（empirical conditional entropy）。若估计得到的概率值有 0 的情况，则规定 $0 \log_2 0 = 0$。

设训练数据集为 S，$|S|$ 是样本容量（即样本个数）。设样本集有 m 个类别，类标号用 l_1、l_2、$\cdots$、l_m 表示，每个样本属于且只属于其中一个类别，记 S_{l_k} 为数据集 S 中属于类 l_k 的样本集，显然，

$$
S = \bigcup_{k=1}^m S_{l_k} \ \wedge \ |S| = \sum_{k=1}^m |S_{l_k}|
$$

若特征 A 有 n 个取值 a_1、a_2、$\cdots$、a_n，则根据 A 的取值将 S 划分为 n 个子集：S_{a_1}、S_{a_2}、$\cdots$、S_{a_n}，显然，

$$
S = \bigcup_{j=1}^n S_{a_j} \ \wedge \ |S| = \sum_{j=1}^n |S_{a_j}|
$$

---

① 较早的决策树学习来自于亨特（Earl Hunt，美国心理学家与计算机科学家）等学者的工作[22]，但更为著名的是昆兰（John R. Quinlan，澳大利亚计算机科学家）提出的生成决策树的 ID3 算法[23]与 C4.5 算法[24]，本节的描述参考了文献 [25] 和 [26]。

记 S_{a_j,l_k} 为 S_{a_j} 中属于类 l_k 的样本的集合，则

$$S_{a_j,l_k} = S_{a_j} \cap S_{l_k}, \ j = 1, 2, \cdots, n, \ k = 1, 2, \cdots, m$$

从分类的角度，计算数据集 S 的经验熵的公式为

$$\mathcal{H}(S) \triangleq \mathcal{H}(Y) = -\sum_{y=l_1}^{l_m} Pr(Y=y) \log_2 Pr(Y=y)$$
$$= -\sum_{k=1}^{m} \frac{|S_{l_k}|}{|S|} \log_2 \frac{|S_{l_k}|}{|S|} \tag{2.35}$$

计算特征 A 对数据集 S 的经验条件熵的公式为

$$\mathcal{H}(S|A) \triangleq \mathcal{H}(Y|X)$$
$$= -\sum_{x=a_1}^{a_n} Pr(X=x) \sum_{y=l_1}^{l_m} Pr(Y=y|X=x) \log_2 Pr(Y=y|X=x)$$
$$= -\sum_{j=1}^{n} \frac{|S_{a_j}|}{|S|} \sum_{k=1}^{m} \frac{|S_{a_j,l_k}|}{|S_{a_j}|} \log_2 \frac{|S_{a_j,l_k}|}{|S_{a_j}|}$$
$$= -\sum_{j=1}^{n} \sum_{k=1}^{m} \frac{|S_{a_j} \cap S_{l_k}|}{|S|} \log_2 \frac{|S_{a_j} \cap S_{l_k}|}{|S_{a_j}|} \tag{2.36}$$

特征 A 对训练数据集 S 的信息增益（information gain）记为 $gain(S, A)$，定义为 S 的经验熵与特征 A 给定条件下 S 的经验条件熵之差，即

$$gain(S, A) \triangleq \mathcal{H}(S) - \mathcal{H}(S|A) \tag{2.37}$$

表示由于特征 A 而使得对数据集 S 的分类的不确定性减少的程度。

特征 A 对数据集 S 的信息增益越大，意味着 $\mathcal{H}(S|A)$ 的值越小，即特征 A 给定的条件下对数据集 S 的分类的不确定性越小，也就意味着特征 A 对数据集 S 的分类的能力越强。ID3（iterative dichotomiser 3）算法就是依据信息增益为准则来选择特征，并根据特征的不同取值来划分训练集和生成子节点，如算法 2.1 所示。

下面，从盗刷信用卡的应用案例来展示决策树的构造。表 2.2 给出了一组客户购物时提交的支付请求的数据，有些犯罪分子盗刷他人信用卡，所以发卡机构会对每笔支付请求做盗刷与否的判别[①]。此处利用这组数据展示信息增益的计算、

---

① 支付请求包含的特征非常多，这里选取很少一部分，并且对特征值做了处理，譬如发起支付请求的时间，实际是年、月、日、时、分、秒，而这里把它粗略地表示为上午、下午、晚上，又如请求支付的金额是一个具体的实数，而这里表征为几个区间。感兴趣的同学可以阅读文献[27]~[29]。

算法 2.1　TreeGenerate(S, $\mathbb{A}$, ϵ)

输入：训练集 S，特征集 $\mathbb{A}$，信息增益阈值 ϵ
输出：决策树的根节点 node
创建节点 node；
if (S 中样本全属于同一类别) **then**
　　将 node 标记为该类别的叶子节点；
　　return node；
end if
if ($\mathbb{A} = \emptyset$) $\vee$ (S 中的样本在 $\mathbb{A}$ 上取值相同) **then**
　　将 node 标记为叶子节点，类别标记为 S 中样本数最多的类；
　　return node；
end if
计算 $\mathbb{A}$ 中每个特征对 S 的信息增益，选择信息增益最大的特征 A；
if ($gain(S, A) \leqslant \epsilon$) **then**
　　将 node 标记为叶子节点，类别标记为 S 中样本数最多的类；
　　return node；
else
　　for (A 的每一个特征值 a) **do**
　　　　为 node 生成一个分支；
　　　　从 S 中取出特征 A 的值为 a 的样本子集，记为 S_a；
　　　　if ($S_a = \emptyset$) **then**
　　　　　　将该分支节点标记为叶子节点，类别标记为 S 中样本数最多的类；
　　　　　　return node；
　　　　else
　　　　　　以 TreeGenerate(S_a, $\mathbb{A} \setminus \{A\}$, ϵ) 为分支节点；
　　　　end if
　　end for
end if

决策树的构造等。这组数据中，"盗刷"是标签，各占 $1/2$，因此这组数据的条件熵为

$$\mathcal{H}(S) = -\frac{1}{2}\log_2\frac{1}{2} - \frac{1}{2}\log_2\frac{1}{2} = 1$$

特征"金额"有 4 个值：$(0, 1000]$、$(1000, 2000]$、$(2000, 3000]$、$(4000, 5000]$，各出现了 10 次、4 次、1 次、3 次，因此关于"金额"的经验条件熵为

$$
\begin{aligned}
\mathcal{H}(S|\text{金额}) = {} & -\frac{10}{18}\left(\frac{3}{10}\log_2\frac{3}{10} + \frac{7}{10}\log_2\frac{7}{10}\right) \\
& -\frac{4}{18}\left(\frac{3}{4}\log_2\frac{3}{4} + \frac{1}{4}\log_2\frac{1}{4}\right) \\
& -\frac{1}{18}\left(\frac{0}{1}\log_2\frac{0}{1} + \frac{1}{1}\log_2\frac{1}{1}\right) \\
& -\frac{3}{18}\left(\frac{3}{3}\log_2\frac{3}{3} + \frac{0}{3}\log_2\frac{0}{3}\right) \\
= {} & 0.6699
\end{aligned}
$$

表 2.2 购物支付请求数据集

编号	单笔交易限额	金额	商户代码	常用IP	交易时间	上笔交易盗刷	盗刷（标签）
1	5000	(0,1000]	MC1	是	上午	否	否
2	5000	(0,1000]	MC1	是	上午	否	否
3	5000	(0,1000]	MC1	是	上午	否	否
4	5000	(0,1000]	MC2	是	上午	否	否
5	3000	(0,1000]	MC2	是	上午	否	否
6	5000	(0,1000]	MC2	是	上午	否	否
7	3000	(1000,2000]	MC2	是	晚上	否	否
8	5000	(2000,3000]	MC4	否	晚上	是	否
9	5000	(0,1000]	MC4	否	晚上	否	否
10	5000	(1000,2000]	MC1	否	下午	是	是
11	5000	(1000,2000]	MC1	否	晚上	否	是
12	5000	(0,1000]	MC2	是	晚上	否	是
13	5000	(0,1000]	MC2	是	晚上	否	是
14	5000	(1000,2000]	MC2	否	晚上	否	是
15	5000	(4000,5000]	MC2	是	晚上	否	是
16	5000	(0,1000]	MC2	否	下午	是	是
17	5000	(4000,5000]	MC3	否	下午	否	是
18	5000	(4000,5000]	MC3	否	下午	是	是

同理求得：$\mathcal{H}(S|交易时间) = 0.4242$、$\mathcal{H}(S|商户代码) = 0.7652$、$\mathcal{H}(S|常用IP) = 0.8502$、$\mathcal{H}(S|单笔交易限额) = 0.8788$、$\mathcal{H}(S|上笔交易盗刷) = 0.9466$。

依据上述经验条件熵，可计算出各特征对整个数据集的信息增益，此时"交易时间"的信息增益最大，故选择它为根节点，根据它的取值（"上午"、"下午"、"晚上"）将数据集划分为 3 个子集：{1, 2, 3, 4, 5, 6}、{10, 16, 17, 18}、{7, 8, 9, 11, 12, 13, 14, 15}，如图 2.3 所示，其中，集合中的数字为表 2.2 中每条数据的编号。针对这三个子数据集，再分别使用上述方法生成各自的分支，最终生成的决策树如图 2.2 所示。

图 2.3 基于"交易时间"的信息增益对根节点的划分

习　　题

1. 利用归纳法证明定理 2.1。

2. 牛顿为测试 $\sqrt{1-x^2}$ 的展开是否有意义，将其展开与自身相乘，发现其结果确实等于 $1-x^2$。试证明：

$$1-x^2 = \left(\sum_{k=0}^{\infty} (-1)^{2k-1} \cdot \frac{1}{(2k-1)\cdot 2^{2k}} \cdot \binom{2k}{k} \cdot x^{2k} \right)^2$$

3. 思考以下方法证明二项式系数的递归展开式一：
   （1）利用性质 2.3 中的递归关系。
   （2）利用例 1.5 中的格子路径的组合意义。
   （3）利用集合的子集数的组合意义。
   （4）利用定理 1.6 中多集的子多集数的组合意义。

4. 证明多项式系数满足如下递归关系：

$$\binom{n}{n_1, n_2, \cdots, n_k} = \sum_{j=1}^{k} \binom{n-1}{n_1, \cdots, n_j-1, \cdots, n_k}$$

   其中，$n = n_1 + n_2 + \cdots + n_k$。

5. 利用二项式系数的递归展开式二求 $\sum_{k=1}^{n} k^2$。

6. 在杨辉三角形中展示递归展开式一、递归展开式二、朱世杰恒等式的特征。

7. 证明：

$$\sum_{k=0}^{n} k \binom{n}{k} = n \cdot 2^{n-1}$$

   （提示：可以依据二项式定理中的公式的导数进行证明，也可以使用二项式系数吸收性进行证明）

8. 利用范德蒙恒等式证明：

$$\sum_{k=0}^{n} \binom{n}{k} \binom{m}{l+k} = \binom{m+n}{n+l}$$

9. 求：

$$\binom{-\frac{1}{2}}{k}$$

并证明：当 $|x| < 1/4$ 时，有

$$\frac{1}{\sqrt{1-4x}} = \sum_{k=0}^{\infty} \binom{2k}{k} x^k$$

10. 证明：

$$\sum_{k=0}^{l} \binom{m}{k} \binom{n}{l-k} k = \binom{m+n}{l} \frac{ml}{m+n}$$

（提示：利用二项式系数吸收性与范德蒙恒等式）

11. 利用组合意义证明：

$$\sum_{k=1}^{n} \binom{n}{k} k^2 = n(n+1) 2^{n-2}$$

12. 证明：

$$\binom{n}{k} = \frac{2^{n-1}}{\pi} \int_{-\pi}^{\pi} \cos((2k-n)x) \cos^n x \, dx$$

（提示：利用欧拉公式将积分中的余弦函数用复指数形式表示，然后再利用二项式系数全和公式）

13. 借鉴吸收性恒等式的组合意义证明方法，证明三转二性恒等式。

14. 证明：给定一个 n，当 $q = 1/2$ 时，二项分布的熵 $\mathcal{H}(n, q)$ 最大。

15. 证明：有 n 个取值的离散型随机变量 X 的熵满足 $0 \leqslant \mathcal{H}(X) \leqslant \log_2 n$。

16. 编程实现 ID3 算法。

17. 信息增益对取值数目较多的特征有所偏好，对分类产生不利影响，为此，C4.5 使用增益率（gain ratio）选择特征，增益率定义为：

$$gain\_ratio(S, A) \triangleq \frac{gain(S, A)}{IV(A)}$$

其中，

$$IV(A) \triangleq -\sum_{j=1}^{n} \frac{|S_{a_j}|}{|S|} \log_2 \frac{|S_{a_j}|}{|S|}$$

被称为特征 A 的固有值（intrinsic value），$A = \{a_1, a_2, \cdots, a_n\}$。特征 A 的取值数目越多，其固有值通常会越大。将算法 2.1 中依据信息增益选择特征的步骤换成增益率，并通过一些数据集做测试，分析 C4.5 与 ID3 的差异。

第3章 鸽巢原理

本章介绍鸽巢原理的简单形式与一般形式，以及若干个不同的表述形式，并展示其在几个有趣的数学问题证明上的应用，最后介绍一个信息检索算法，利用鸽巢原理可以证明该算法的正确性。

3.1 鸽巢原理的简单形式

鸽巢原理（pigeonhole principle），又称抽屉原理（drawer principle）或狄利克雷原理（Dirichlet principle），其简单形式表述如定理3.1所示。

定理 3.1 (鸽巢原理简单形式)　若把 $n+1$ 个物品放入 n（$n > 0$）个盒子中，则至少有一个盒子放入了至少两个物品。

证明：假设每个盒子至多放入一个物品，则 n 个盒子至多放入 n 个物品，与共放入了 $n+1$ 个物品的事实相矛盾。

尽管鸽巢原理的思想在15世纪早期就已经出现[①]，但普遍认为像定理 3.1 这样严谨的表述最早出现在德国数学家狄利克雷（Peter G. L. Dirichlet，1805–1859）于 1842 年发表的文章中，用于证明丢番图逼近（Diophantine approximation）[②]。

例 3.1 (丢番图逼近)　对任意实数 x 和正整数 n，总存在整数 p 和 q 满足

$$\left| x - \frac{p}{q} \right| < \frac{1}{qn} \tag{3.1}$$

其中，$1 \leqslant q \leqslant n$。

证明：给定一个实数 x，记 $\{x\}$ 为 x 的小数部分。$\{x\}$ 落在区间 $[0,1)$ 内且

[①] 例如：存在两个人具有相同数量的头发或者硬币或者其他东西。原话为："It is necessary that two men have the same number of hairs, coins, or other things, as the other." [30]

[②] 丢番图逼近是数论中探讨以有理数逼近实数的研究[30]，如我国南北朝时期数学家祖冲之（公元429–500）的圆周率近似求解方法也属于这一类研究。

$x - \{x\}$ 是一个整数。将区间 $[0, 1)$ 划分为 n 个等长的子区间：

$$\left[0, \frac{1}{n}\right)、\left[\frac{1}{n}, \frac{2}{n}\right)、\cdots、\left[\frac{n-1}{n}, 1\right)。$$

考虑 $0x$、$1x$、$\cdots$、nx 这 $n+1$ 个实数的小数部分，则依据鸽巢原理可知，这 $n+1$ 个小数中必有两个落在上述 n 个子区间的同一个子区间内。不妨设 $\{k_1 x\}$ 与 $\{k_2 x\}$ 落在同一子区间内且 $0 \leqslant k_1 < k_2 \leqslant n$，则下式成立：

$$|\{k_2 x\} - \{k_1 x\}| < \frac{1}{n}$$

令 $a = k_1 x - \{k_1 x\}$、$b = k_2 x - \{k_2 x\}$，则代入上式就得到以下关系：

$$|(k_2 - k_1)x - (b - a)| = |(k_2 x - b) - (k_1 x - a)| = |\{k_2 x\} - \{k_1 x\}| < \frac{1}{n}$$

令 $p = b - a$、$q = k_2 - k_1$，则上式两边同除以 q 就得到如下式子：

$$\left| x - \frac{p}{q} \right| < \frac{1}{qn}$$

其中，q 显然大于 0。

下面再给出能够用鸽巢原理证明的两个有趣的例子。第一个例子是匈牙利数学神童波萨（Louis Pósa）在 11 岁时对如下问题的一个证明 [①]。

例 3.2　*在 $n+1$ 个互不相等且均小于或等于 $2n$ 的正整数中，必然存在两个互素的数。*

证明：　若 $n+1$ 个互不相等的正整数均小于或等于 $2n$，则它们中的某两个必相邻、从而互素 [②]。将 1 和 2 放在一个盒子中、3 和 4 放在一个盒子中、$\cdots$、$2n-1$ 和 $2n$ 放在一个盒子中，若想从这 n 个盒子的 $2n$ 个数中取出 $n+1$ 个不同的数，必然某个盒子中的两个数都被取出。

---

① 1959 年，厄杜斯（Paul Erdös，1913–1996，匈牙利数学家）与波萨一家人聚餐，问了波萨该问题，波萨边喝汤边思考，大约半分钟后就给出了一种非常简单直接的证明，而厄杜斯在几年前花费了十余分钟给出了另一种自认为非常简单的证明，但事实上不如波萨的简单直接，因此赞誉波萨的证明方法堪与 7 岁时的高斯（Carolus F. Gauss，1777–1855，德国数学家）所给出的整数求和方法相媲美。厄杜斯原话为："I venture to class this on the same level as Gauss' summation of the positive integers up to 100 when he was just 7 years old." [31]。

② 波萨给出的证明仅有这句话，原话为："If you have $n+1$ positive integers less than or equal to $2n$, some two of them will have to be consecutive and thus relatively prime." [31]。该证明的后半部分是用鸽巢原理阐释为什么必有两个数相邻。另外，两个正整数互素（relatively prime）当且仅当它们仅有公因子 1，显然，相邻的两个正整数互素。

另一个例子与斐波那契数列（Fibonacci sequence）的一个性质有关。该数列由意大利数学家斐波那契（Leonardo Fibonacci，1175–1250）在其著作《Liber Abacci》中定义，从第三项开始，每一项的值等于它的前两项的值之和：

$$\langle 0, 1, 1, 2, 3, 5, 8, 13, 21, 34, 55, 89, 144, 233, 377, \cdots \rangle$$

法国数学家拉格朗日（Joseph-Louis Lagrange，1736–1813）发现该数列有一个规律：给定一个正整数 m（$m > 1$），用该数列的每一项除以 m 所得到的余数数列存在周期性，如表 3.1 所示（表中 mod 是求余运算符）。

表 3.1　斐波那契数的余数数列

n	0	1	2	3	4	5	6	7	8	9	10	11	12	13	14	15
$F(n)$	0	1	1	2	3	5	8	13	21	34	55	89	144	233	377	610
$F(n)$ mod 2	0	1	1	0	1	1	0	1	1	0	1	1	0	1	1	0
$F(n)$ mod 3	0	1	1	2	0	2	2	1	0	1	1	2	0	2	2	1
$F(n)$ mod 4	0	1	1	2	3	1	0	1	1	2	3	1	0	1	1	2

例 3.3（斐波那契数的余数周期性）　已知正整数 $m > 1$，则 $\langle F(n) \bmod m \rangle_{n \geqslant 0}$ 是一个周期性的数列。

证明： 斐波那契数列中的数除以 m 所能得到的余数最多有 m 个，因此，余数数列 $\langle F(n) \bmod m \rangle_{n \geqslant 0}$ 中相邻的余数对最多有 m^2 种情况，由于该余数数列中有无穷多个相邻的余数对，所以依据鸽巢原理可知：必然存在两对余数，不妨设其为 $(F(k) \bmod m, F(k+1) \bmod m)$ 与 $(F(j) \bmod m, F(j+1) \bmod m)$，满足

$$k < j \wedge (F(k) \bmod m, F(k+1) \bmod m) = (F(j) \bmod m, F(j+1) \bmod m)$$

又因为斐波那契数列的每一项都等于它后面的第二项减去它后面的第一项，所以某项除以 m 的余数就等于该项后面的第二项除以 m 的余数减去其后面第一项除以 m 的余数[1]。因此可得

---

[1] 若该差值小于 0，则继续用此差值除以 m 求其余数；等式 $F(k-1) \bmod m = (F(k+1) \bmod m - F(k) \bmod m) \bmod m$ 成立可由 mod 的定义 $d \bmod m = d - m\lfloor d/m \rfloor$ 得到，其中，d 与 m 是整数，$m \neq 0$，$\lfloor d/m \rfloor$ 是对 d/m 的值下取整[1]。a 和 b 模 m 同余，即 $a \bmod m = b \bmod m$，通常被更简单地记为：$a \equiv b \pmod{m}$。

$$
\begin{cases}
F(k-1) \bmod m = F(j-1) \bmod m \\
F(k-2) \bmod m = F(j-2) \bmod m \\
\qquad\qquad \vdots \\
F(1) \bmod m = F(j-(k-1)) \bmod m \\
F(0) \bmod m = F(j-k) \bmod m
\end{cases}
$$

进而可知子数列 $\langle F(0) \bmod m, F(1) \bmod m, \cdots, F(j-k-1) \bmod m\rangle$ 在斐波那契数的余数数列中是周期性出现的。

上述证明过程中构造可重复数列的正确性可以通过表3.1中的实例进行检验，但构造的不一定是最小周期性数列。

3.2 鸽巢原理的一般形式

鸽巢原理更一般化的表述如定理3.2所示。

定理 3.2（鸽巢原理一般形式） 令 a_1、a_2、$\cdots$、a_n、n 是正整数，若把多于 $a_1 + a_2 + \cdots + a_n$ 个的物品放入 n 个盒子中，则存在一个 $k \in \{1, 2, \cdots, n\}$ 使得第 k 个盒子至少有 $a_k + 1$ 个物品。

证明：假设第一个盒子至多有 a_1 个物品、第二个盒子至多有 a_2 个物品、$\cdots$、第 n 个盒子至多有 a_n 个物品，则至多放入了 $a_1 + a_2 + \cdots + a_n$ 个物品，与多于 $a_1 + a_2 + \cdots + a_n$ 个的物品被放入的事实相矛盾。

若将上述定理中的 a_1、a_2、$\cdots$、a_n 均赋值为 m，则得到推论3.1。

推论 3.1 令 m 与 n 是两个正整数，若把多于 mn 个的物品放入 n 个盒子中，则至少有一个盒子放入了至少 $m + 1$ 个物品。

上述结论中只是说多于 $a_1 + a_2 + \cdots + a_n$ 个的物品或者多于 mn 个的物品被放入，并没有具体说多多少，因此任意给定一个大于它们的数，结论都成立。在此情况下，把 a_1、a_2、$\cdots$、a_n、m 均看作 1，即把 $n + 1$ 个物品放入 n 个盒子，则上述结论就变为定理 3.1 中所述的简单形式的鸽巢原理，因此，简单形式是该一般形式的一种特殊情况。

鸽巢原理有时也表述为其他一些更具体的情况，如推论3.2和推论3.3所示。

推论 3.2 令 a_1、a_2、$\cdots$、a_n、n 是正整数，若把 $a_1 + a_2 + \cdots + a_n - n + 1$ 个的物品放入 n 个盒子中，则存在一个 $k \in \{1, 2, \cdots, n\}$ 使得第 k 个盒子至少放

入了 a_k 个物品。

推论 3.3 令 m 与 n 是两个正整数，将 m 个的物品放入 n 个盒子中，则至少有一个盒子放入了至少 $\lceil m/n \rceil$ 个物品，这里 $\lceil m/n \rceil$ 表示对 m/n 的值上取整。

证明： 当 n 恰好整除 m 时利用反证法易证之。考虑 $m \bmod n \geqslant 1$ 的情况，只需将定理 3.2 中的 a_1、a_2、$\cdots$、a_n 均赋值为 $\lfloor m/n \rfloor$。由于 $m = n\lfloor m/n \rfloor + m \bmod n$，所以将 m 个物品（即多于 $n\lfloor m/n \rfloor$ 个物品）放入 n 个盒子时，至少有一个盒子放入了至少 $\lfloor m/n \rfloor + 1 = \lceil m/n \rceil$ 个物品。

第1章的例 1.4 介绍了严格递增数列，下面介绍单调子数列（monotonic subsequence）的问题。例如，在数列 $\langle 10, 2, 8, 1, 4, 7, 3, 9, 6, 5, 6 \rangle$ 中，$\langle 2, 4, 7, 9 \rangle$ 是一个长度为 4 的严格递增子数列，$\langle 10, 8, 3 \rangle$ 和 $\langle 8, 4, 3 \rangle$ 是两个长度为 3 的严格递减子数列，而 $\langle 2, 4, 6, 6 \rangle$ 是一个长度为 4 的递增子数列（但非严格递增）。如果将集合 $\{1, 2, \cdots, 10\}$ 的一个全排列看作一个数列，问是否存一个全排列使得其中既没有长度为 4 的严格递增子数列也没有长度为 4 的严格递减子数列？答案是否定的，可以基于下面称为"单调子数列"的结论证之[①]。

例 3.4（单调子数列问题） 已知两个正整数 m 和 n，则一个长度大于 mn 的实数数列中，或者有一个长度是 $m+1$ 的递增子数列，或者有一个长度是 $n+1$ 的严格递减子数列。

证明： 考虑长度为 $mn+1$ 的实数数列 $\langle a_1, a_2, \cdots, a_{mn+1} \rangle$，假设其任何递增子数列的长度都不超过 m，下证其必包含一个长度为 $n+1$ 的严格递减子数列。

令 l_k 是上述数列中从 a_k 开始的最长递增子数列的长度，$1 \leqslant k \leqslant mn+1$，则依据假设知：$1 \leqslant l_k \leqslant m$。依据鸽巢原理可知，在 $\{l_1, l_2, \cdots, l_{mn+1}\}$ 中至少有 $\lceil (mn+1)/m \rceil = n+1$ 个数相等，不妨设它们为

$$l_{k_1} = l_{k_2} = \cdots = l_{k_{n+1}} = j \wedge 1 \leqslant k_1 < k_2 < \cdots < k_{n+1} \leqslant mn+1$$

考察这 $n+1$ 个长度相等的子数列的第一个数字 a_{k_1}、a_{k_2}、$\cdots$、$a_{k_{n+1}}$，可知

$$a_{k_1} > a_{k_2} > \cdots > a_{k_{n+1}}$$

即形成一个长度为 $n+1$ 的严格递减子数列，此关系之所以成立，是因为：如果前面的一个小于或等于后面的，譬如 $a_{k_1} \leqslant a_{k_2}$，则从 a_{k_2} 开始的这个最长子数列的前面再放上 a_{k_1} 就形成一个从 a_{k_1} 开始的长度为 $j+1$ 的子数列，与从 a_{k_1} 开始

---

① 该结论可追溯到厄杜斯的相关研究[32]。

的最长子数列的长度为 j 的事实相矛盾。

同理可证：当长度为 $mn+1$ 的实数数列的任意严格递减子数列的长度都不超过 n 时，必包含一个长度为 $m+1$ 的递增子数列。

因为集合 $\{1,2,\cdots,10\}$ 的一个全排列看作一个数列时，该数列中没有重复出现的数字，所以它的一个递增子数列就是严格递增的、一个递减子数列就是严格递减的，因此，基于例 3.4 中的结论可知，它的每一全排列，要么存在一个长度为 4 的严格递增子数列（否则就存在长度为 4 的递减子数列），要么存在一个长度为 4 的严格递减子数列（否则就存在长度为 4 的递增子数列），
只需令 $m=n=3$。

鸽巢原理还有其他一些表述形式，在此不再赘述，具体问题具体分析，关键之处在于一个问题中把什么看作鸽巢而又把什么看作鸽子。但值得注意的是，这些鸽巢原理的表述中，通常考虑多于某个数量的物品放入的情况，如果考虑不多于某个数量的物品放入的情况，也称为鸽巢原理，这里只给出如下一种表述（定理3.3），其他类似的表述以及该表述的证明留作课下思考。

定理 3.3　令 m 与 n 是两个正整数，将不多于 m 个的物品放入 n 个盒子中，则至少有一个盒子放入了至多 $\lfloor m/n \rfloor$ 个物品。

3.3　应用：多索引哈希

在智能与大数据时代，信息检索越来越普及且重要，而对检索算法的速度与精度也提出了更高要求。例如，对海量的图片可以训练一个深度卷积神经网络，用其计算出每张图片的特征向量（如一个特征向量可以表达为一个 1024 位的二进制码），对这些图片以其特征向量的形式存储用于检索；此时，给定一张图片，希望从已存储的这些图片中快速找到相似的图片，则可以先用同一个深度卷积神经网络计算出该图片的特征向量，然后在已存储的这些特征向量中检测出相似的（如使用海明距离衡量两个特征向量的相似性）。可以使用 $O(n)$ 复杂度的线性检索算法，将待检索的特征向量与已存储的进行逐个对比。但是，当面临海量数据时（图片数量 n 非常大），线性检索的速度就难以满足用户的需求。多索引哈希算法能够提升检索速度，这是因为它不需对比每一条特征向量。下面介绍多索引哈希（multi-index hashing）算法[①]，可以看到鸽巢原理在其正确性证明中的应用。

---

① 多索引哈希算法由诺鲁齐（Mohammad Norouzi）、普贾尼（Ali Punjani）和弗利特（David J. Fleet）提出，发表该成果时，诺鲁齐和普贾尼是加拿大多伦多大学的博士研究生，弗利特是加拿大多伦多大学的教授[33]。

记 $\mathbb{H} = \{h_k = (b_{k,1}b_{k,2}\cdots b_{k,d})_2 \mid k = 1, 2, \cdots, n\} \subset \mathbb{B}^d$ 是一包含 n 个元素的 d 维二进制汉明空间（binary Hamming space），即空间中的每一个元素都是由 d 个比特构成的二进制码，此处 $\mathbb{B} = \{0, 1\}$。汉明空间中任意两个二进制码 h_1 和 h_2 的汉明距离（Hamming distance）[①] 计算如下：

$$\|h_1 - h_2\|_{\mathbb{H}} = \|h_2 - h_1\|_{\mathbb{H}} = \sum_{k=1}^{d} [b_{1,k} \neq b_{2,k}] \tag{3.2}$$

其中，$\|\cdot\|_{\mathbb{H}}$ 又称汉明范数，表达式 $[b_{1,k} \neq b_{2,k}]$ 为艾佛森约定。汉明距离计算两个等长二进制码之间相异比特的位置数，用于表达两个二进制码的相似性，如 $\|(110111)_2 - (010011)_2\|_{\mathbb{H}} = 2$。显然，两个二进制码的汉明距离越小，它们越相似，当距离为 0 时则两个二进制码完全一样。

假设有 n 条特征向量存在一个数据库中，每条特征向量长度是 d 并且在数据库中有唯一标识符（下简称标识符），如图 3.1（a）所示。多索引哈希算法将每个特征向量 h 划分为 m 个不相交的子向量，即

$$h = h^{\langle 1 \rangle} h^{\langle 2 \rangle} \cdots h^{\langle m \rangle}$$

且每个子向量的长度要么为 $\lceil d/m \rceil$，要么为 $\lfloor d/m \rfloor$，譬如令前 $d \bmod m$ 个子向量的长度均为 $\lceil d/m \rceil$，剩余的子向量的长度均为 $\lfloor d/m \rfloor$，为便于叙述，不妨设 m 恰好整除 d。构造 m 个哈希表，则每个表有 $2^{d/m}$ 个键用于表示如下所有可能的键值：

$$\underbrace{00\cdots00}_{d/m}、\underbrace{00\cdots01}_{d/m}、\cdots、\underbrace{11\cdots11}_{d/m}$$

针对特征向量 h 的第 k 个子向量 $h^{\langle k \rangle}$，将 h 的标识符插入第 k 个哈希表的键值为 $h^{\langle k \rangle}$ 的桶中。如此，则每个特征向量的标识符在每个哈希表中都被存储了一次，从而构建了 m 个哈希表，如图 3.1（b）～（e）所示。

给定一个待检索的特征向量 g，要通过这 m 个哈希表找到与 g 的汉明距离不超过 r（$0 \leqslant r \leqslant d$）的那些特征向量，就是依次根据 g 的第 k 个子向量 $g^{\langle k \rangle}$，从第 k 个哈希表中筛出汉明距离可能不超过 r 的那些特征向量，然后再逐条计算这些特征向量与 g 的汉明距离，得到汉明距离真正不超过 r 的那些特征向量。上述过程通常称为 r–近邻搜索（r–neighbor search），r 称为检索半径（search radius）。

---

①汉明距离是图灵奖获得者汉明（Richard W. Hamming，1915–1998，美国计算机科学家、数学家）在其关于错误检测与纠错的编码理论这一开创性工作中定义的[34]。

唯一标识符	特征向量			
id_1	1000	1110	1001	0101
id_2	0010	0111	0100	0111
id_3	1000	1111	1100	0110
id_4	0000	1111	0111	1011
id_5	0101	0111	0011	1000
id_6	1010	1100	1110	0100
id_7	1011	1110	1011	0110
id_8	1110	0101	0110	0111
id_9	0111	1001	1110	1100
id_{10}	0110	1111	0001	0011
id_{11}	1101	0110	1111	1010
id_{12}	1010	1100	0110	1011
id_{13}	0011	1011	1110	0100
id_{14}	1110	1000	0000	0101
id_{15}	1111	1010	1000	1111
id_{16}	1110	1011	1100	1110
id_{17}	0000	0001	1100	1001

(a)一个简单的数据库表，每个特征向量有16个比特位

键	桶
0000	id_4, id_{17}
0001	
0010	id_2
0011	id_{13}
0100	
0101	id_5
0110	id_{10}
0111	id_9
1000	id_1, id_3
1001	
1010	id_6, id_{12}
1011	id_7
1100	
1101	id_{11}
1110	id_8, id_{14}, id_{16}
1111	id_{15}

(b)哈希表1

键	桶
0000	
0001	id_{17}
0010	
0011	
0100	
0101	id_8
0110	id_{11}
0111	id_2, id_5
1000	id_{14}
1001	id_9
1010	id_{15}
1011	id_{13}, id_{16}
1100	id_6, id_{12}
1101	
1110	id_1, id_7
1111	id_3, id_4, id_{10}

(c)哈希表2

键	桶
0000	id_{14}
0001	id_{10}
0010	
0011	id_5
0100	id_2
0101	
0110	id_8, id_{12}
0111	id_4
1000	id_{15}
1001	id_1
1010	
1011	id_7
1100	id_3, id_{16}, id_{17}
1101	
1110	id_6, id_9, id_{13}
1111	id_{11}

(d)哈希表3

键	桶
0000	
0001	
0010	
0011	id_{10}
0100	id_6, id_{13}
0101	id_1, id_{14}
0110	id_3, id_7
0111	id_2, id_8
1000	id_5
1001	id_{17}
1010	id_{11}
1011	id_4, id_{12}
1100	id_9
1101	
1110	id_{16}
1111	id_{15}

(e)哈希表4

图 3.1 展示多哈希索引

下面结论保证了如何且为什么能够通过这 m 个哈希表筛出汉明距离可能不超过 r 的那些特征向量，而那些被筛掉的，其汉明距离均大于 r。

定理 3.4 如果 $\|h - g\|_{\mathbb{H}} \leqslant r$，则存在正整数 $k \in [1, m]$ 满足

$$\|h^{\langle k \rangle} - g^{\langle k \rangle}\|_{\mathbb{H}} \leqslant \lfloor r/m \rfloor \tag{3.3}$$

证明：依据鸽巢原理（定理 3.3）可得该结论，或直接利用反证法来证明：假设对每一个 $k \in [1, m]$ 都有

$$\|h^{\langle k \rangle} - g^{\langle k \rangle}\|_{\mathbb{H}} \geqslant \lfloor r/m \rfloor + 1$$

则可以得到

$$\|h - g\|_{\mathbb{H}} = \sum_{k=1}^{m} \|h^{\langle k \rangle} - g^{\langle k \rangle}\|_{\mathbb{H}} \geqslant m\lfloor r/m \rfloor + m > m\lfloor r/m \rfloor + r \bmod m = r$$

与已知条件 $\|h - g\|_{\mathbb{H}} \leqslant r$ 相矛盾。

依据上述结论，若数据库中的某个特征向量 h 与给定的特征向量 g 的汉明距离不超过 r，则必存在 h 与 g 的对应的一对子向量，它们之间的汉明距离不超过 $\lfloor r/m \rfloor$，进而在对应的哈希表中，通过计算哈希表的键值与对应的 g 的这个子向量的汉明距离就可以筛出这个特征向量（的标识符）。算法 3.1 描述了这一筛选的过程。例如，针对图 3.1 所示的例子，希望从中找到与 0011 1001 0110 0100 的汉明距离不超过 2 的特征向量，依据算法 3.1，就是从每个哈希表中找到其键值与对应子向量的汉明距离不超过 $\lfloor 2/4 \rfloor = 0$ 的那些桶中的元素。利用子向量 0011 与第一个哈希表可以筛出 $\{id_{13}\}$，利用子向量 1001 与第二个哈希表可以筛出 $\{id_9\}$，利用子向量 0110 与第三个哈希表可以筛出 $\{id_8, id_{12}\}$，第四个哈希表中键值为 0100 的桶中有 $\{id_6, id_{13}\}$，从而筛出候选集 $\{id_6, id_8, id_9, id_{12}, id_{13}\}$，再逐条计算候选集中这些标识符所对应的特征向量与 0011 1001 0110 0100 的汉明距离，并判断是否超过 2，最终求得只有 id_{13} 的特征向量 0011 1011 1110 0100 满足要求。

算法 3.1 筛选算法一

输入：m 个哈希表，待检索特征向量 g，检索半径 r
输出：与 g 的汉明距离不超过 r 的所有可能的特征向量的标识符集 ID
ID $\leftarrow \emptyset$；
for $k \leftarrow 1$ to m **do**
　在第 k 个哈希表中查找其键值与 $g^{\langle k \rangle}$ 的汉明距离不超过 $\lfloor r/m \rfloor$ 的桶；
　将桶中的元素并入 ID；
end for
return ID；

事实上，筛选过程还可以优化，如定理3.5所示。

定理 3.5 令 $a = r - m\lfloor r/m \rfloor$（即 a 为 r 除以 m 的余数），A_1 和 A_2 是集合 $\{1, 2, \cdots, m\}$ 的任一满足 $|A_1| = a + 1$ 和 $|A_2| = m - a - 1$ 的一个划分。如果 $\|h - g\|_{\mathbb{H}} \leqslant r$，则要么存在正整数 $k \in A_1$ 满足

$$\|h^{\langle k \rangle} - g^{\langle k \rangle}\|_{\mathbb{H}} \leqslant \lfloor r/m \rfloor \tag{3.4}$$

要么存在正整数 $k \in A_2$ 满足

$$\|h^{\langle k \rangle} - g^{\langle k \rangle}\|_{\mathbb{H}} \leqslant \lfloor r/m \rfloor - 1 \tag{3.5}$$

证明： 如果对每一个 $k \in A_1$ 都有

$$\|h^{\langle k \rangle} - g^{\langle k \rangle}\|_{\mathbb{H}} \geqslant \lfloor r/m \rfloor + 1$$

且对每一个 $k \in A_2$ 都有

$$\|h^{\langle k \rangle} - g^{\langle k \rangle}\|_{\mathbb{H}} \geqslant \lfloor r/m \rfloor$$

则可以得到

$$\|h - g\|_{\mathbb{H}} = \sum_{k \in A_1} \|h^{\langle k \rangle} - g^{\langle k \rangle}\|_{\mathbb{H}} + \sum_{k \in A_2} \|h^{\langle k \rangle} - g^{\langle k \rangle}\|_{\mathbb{H}} \geqslant m\lfloor r/m \rfloor + a + 1 = r + 1$$

与已知条件 $\|h - g\|_{\mathbb{H}} \leqslant r$ 相矛盾。

因此，基于上述结论，不失一般性，只须对前 $a + 1$ 个哈希表查找键值与对应子向量的距离不超过 $\lfloor r/m \rfloor$ 的桶，而对剩下的哈希表查找键值与对应子向量的距离不超过 $\lfloor r/m \rfloor - 1$ 的桶，如算法3.2所示。再考察前面查找与 0011 1001 0110 0100 的汉明距离不超过 2 的特征向量的例子，求得界值 $a = 2 - 4\lfloor 2/4 \rfloor = 2$，因此，依据算法3.2，从前 3 个哈希表中查找键值与对应子向量的汉明距离不超过 0 的那些桶，而对第 4 个哈希表不需进行操作（因为要求距离不超过 -1），最终筛出候选集 $\{id_8, id_9, id_{12}, id_{13}\}$，而不是算法3.1所筛出的 $\{id_6, id_8, id_9, id_{12}, id_{13}\}$。

多哈希算法是一个典型的以空间代价换时间效率的算法。诺鲁齐、普贾尼和弗利特的实验展示，当子向量的长度接近 $\log_2 n$ 时，检索的平均效率最好，此时哈希表的个数 m 可依据 $\lfloor d/\log_2 n \rfloor \leqslant m \leqslant \lceil d/\log_2 n \rceil$ 进行设定。为分析简单，不妨设 m 整除 d。该算法要多花费 m 个哈希表的空间，而每个哈希表都需要 $2^{d/m}$ 个桶存储 n 个特征向量的唯一标识符。譬如可以用一个数组作为一个哈希表，数组的长度为 $2^{d/m}$，其逻辑地址恰好对应从 0 至 $2^{d/m} - 1$ 的键值。理论上构建 n 个

元素的唯一标识符需要 $n\lceil\log_2 n\rceil$ 个比特，从而这 m 个哈希表要存储这些特征向量的标识符还需要的存储空间为 $mn\lceil\log_2 n\rceil$ 个比特。

算法 3.2　筛选算法二

输入：m 个哈希表，待检索特征向量 g，检索半径 r，界值 $a = r - m\lfloor r/m\rfloor$
输出：与 g 的汉明距离不超过 r 的所有可能的特征向量的标识符集 ID
ID $\leftarrow \emptyset$;
for $k \leftarrow 1$ **to** $a + 1$ **do**
　　在第 k 个哈希表中查找其键值与 $g^{(k)}$ 的汉明距离不超过 $\lfloor r/m\rfloor$ 的桶；
　　将桶中的元素并入 ID；
end for
for $k \leftarrow a + 2$ **to** m **do**
　　在第 k 个哈希表中查找其键值与 $g^{(k)}$ 的汉明距离不超过 $\lfloor r/m\rfloor - 1$ 的桶；
　　将桶中的元素并入 ID；
end for
return ID;

时间复杂度与被查询的桶的个数以及桶中标识符的个数有关。为简单起见，仍然假设 m 整除 d，令子向量的长度为 $s = d/m$。给定检索半径 r，在每个哈希表中要查询的桶的个数为

$$\sum_{k=0}^{\lfloor r/m\rfloor}\binom{d/m}{k}$$

依据二项式系数和的界值定理（定理 2.6）可以知道：m 个哈希表中要查询的桶的个数满足

$$m\sum_{k=0}^{\lfloor r/m\rfloor}\binom{d/m}{k} = m\sum_{k=0}^{\lfloor \frac{r}{d}\cdot\frac{d}{m}\rfloor}\binom{d/m}{k} \leqslant m2^{\mathcal{H}(r/d)d/m}$$

假设 n 个标识符在一个哈希表的 $2^{d/m}$ 个桶中均匀分布，即每个桶中有 $n/(2^{d/m})$ 个标识符，从而定位这些桶并取出里面的标识符所需步数的上界为

$$(1 + \frac{n}{2^{d/m}})m2^{\mathcal{H}(r/d)d/m} \xrightarrow{d/m=\log_2 n} 2d\frac{n^{\mathcal{H}(r/d)}}{\log_2 n}$$

当检索半径与特征向量长度之比非常小时，如 $r/d < 0.11$，$\mathcal{H}(r/d) < 0.5$，则上述上界就变为

$$2d\frac{\sqrt{n}}{\log_2 n}$$

习　　题

1. 已知 n 个整数 a_1、a_2、$\cdots$、a_n，证明：存在整数 j 和 l（$1 \leqslant j \leqslant l \leqslant n$）满足

$$n \mid \sum_{k=j}^{l} a_k$$

   其中，$\mid$ 是整除符号，意味着左边的数整除右边的数。（提示：构造连续项的和）

2. 某棋手有 11 周时间准备比赛，要求每天至少下 1 盘棋而任意连续的 7 天下棋盘数不能超过 12。证明：在这准备期内某些连续的天中他恰好下了 21 盘棋。

3. 从 1 到 200 的所有正整数中任取 101 个，则必能取到两个不同的数使得其中一个整除另一个。（提示：任一正整数可写成 $2^k \cdot r$ 的形式，其中 k 是非负整数，r 是奇数）

4. 证明：任一有理数的十进制数展开式从某一位后必是循环的。

5. 证明：任给 $n+1$（$n > 1$）个不同的正整数，则其中必有两个不同的数，它们的差能被 n 整除。

6. 证明：对任一正整数，都存在它的一个倍数使得该倍数仅由数字 0 和 9 组成。如 1，则有 $1 \times 9 = 9$；如 2，则有 $2 \times 45 = 90$；如 3，则有 $3 \times 3 = 9$。

7. 证明：将上一题中的 9 换成 1 到 8 中的任一数字结论仍然成立。

8. 证明：用红蓝两种颜色对 3×9 的棋盘的方格进行着色，则必有两列方格有相同的着色。

9. 证明：将 1 到 16 的这 16 个正整数任意分成 3 组，则其中必有一组满足：其中的某个数等于该组中另外某两个数之和（后面的这两个数可以是同一个）。

10. 任给 $\{1, 2, \cdots, n\}$ 的一个 n-元圆排列和一个整数 k（$1 \leqslant k \leqslant n$），证明：在这个圆排列中存在 k 个相邻的数，它们的和不小于

$$\left\lceil \frac{k(n+1)}{2} \right\rceil$$

11. 任给 $\{1, 2, \cdots, n\}$ 的一个 n–元圆排列和一个整数 k（$1 \leqslant k \leqslant n$），证明：在这个圆排列中存在 k 个相邻的数，它们的积不小于

$$\left\lceil (n!)^{\frac{k}{n}} \right\rceil$$

12. 已知 m 和 n 是两个互素的正整数，a 和 b 是两个整数且满足 $0 \leqslant a < m$ 与 $0 \leqslant b < n$。证明：存在整数 x 使得 x 除以 m 的余数为 a 且除以 n 的余数为 b。（提示：构造 n 个整数使它们除以 m 的余数均为 a，然后考察这组数除以 n 的余数）

13. 已知 m_1、m_2、$\cdots$、m_n 是两两互素的 n 个正整数，a_1、a_2、$\cdots$、a_n、a 是整数，令

$$m = \prod_{k=1}^{n} m_k$$

证明[①]：存在一个整数 $x \in [a, a+m)$ 满足

$$\forall k \in \{1, 2, \cdots, n\} : x \equiv a_k \pmod{m_k}$$

14. 编程实现多索引哈希算法，并测试其性能。

[①] 该结论通常被称为中国剩余定理（Chinese remainder theorem），有时也称孙子定理，是我国古代求解一元线性同余方程组的方法。一元线性同余方程组问题最早可见于南北朝时期的数学著作《孙子算经》："有物不知其数，三三数之剩二，五五数之剩三，七七数之剩二，问物几何？" 我国宋代数学家秦九韶（1208–1268）在其著作《数书九章》中考虑了类似于本题中的更一般化同余方程组的解法。本题的描述选自文献 [1]，而第 12 题是第 13 题的一个特殊情况。

第4章 拉姆齐理论

本章介绍双色拉姆齐数、多色拉姆齐数、广义拉姆齐数，以及部分相关的结论，并通过一个与通信编码相关的案例展示其应用。

4.1 双色拉姆齐数

拉姆齐理论（Ramsey theory）与拉姆齐数（Ramsey number）是以英国数学家拉姆齐（Frank P. Ramsey，1903–1930）的姓氏命名的，以纪念这位英年早逝的数学家在这一领域所做的开拓性贡献。

先看一个有趣的例子："任意 6 人聚会，其中一定存在 3 人，要么互相认识要么互不认识。"[①]该问题可以抽象为：对 6 个顶点的完全图 K_6 用红蓝两色进行边着色，6 个顶点代表 6 个人，若连着两个顶点的一条边着成红色则代表相应的两人认识，若着成蓝色则代表相应的两人不认识，因此，只须证明用红蓝两色进行边着色的 K_6 中，要么有一个完全红色的三角形，要么有一个完全蓝色的三角形。注：一个完全图定义为图中任意两个不同的顶点都有且只有一条连边，不含自环，含有 n 个顶点的完全图称为 n–阶完全图（complete graph of order n），记作 K_n。

定理4.1 对 K_6 用红蓝两种颜色进行边着色，或者着出一个红色三角形，或者着出一个蓝色三角形。

证明： 任取一顶点，不妨设为 v_1，依据鸽巢原理可知，与 v_1 关联的 5 条边中至少有 3 条同色，不妨设这三条边 $\{v_1, v_4\}$、$\{v_1, v_5\}$ 与 $\{v_1, v_6\}$ 同着蓝色（注：本书中无向边用两个顶点的集合表示，有向边用两个顶点的有序对表示）。如果连接顶点 v_4、v_5、v_6 的三条边同着了红色，则会出现一个红色三角形，即 $\triangle v_4 v_5 v_6$，如图 4.1（a）所示，从而定理得证；否则，它们中间就有一条边着了蓝色，不妨

[①] 该问题由博斯特威克（C. W. Bostwick）刊登在 1958 年第 6 期的《美国数学月刊》（The American Mathematical Monthly）的第 446 页上并征询答案，问题原话："Prove that at a gathering of any six people, some three of them are either mutual acquaintances or complete strangers to each other"。肯塔基大学（University of Kentucky）的古德曼（A. W. Goodman）在 1959 年第 9 期的《美国数学月刊》给出了解答（论文题目：On sets of acquaintances and strangers at any party），古德曼给出了更一般化的结论，而他的一般性结论的一个特例即为定理 4.2 所述结论；另外，古德曼还指出，相同的问题早已出现，只不过表述形式不同而已，并且厄杜斯等数学家在相关研究上取得了丰硕的成果。

设 $\{v_4, v_6\}$ 着了蓝色，则与蓝色的边 $\{v_1, v_4\}$ 和 $\{v_1, v_6\}$ 就构成一个蓝色三角形，即 $\triangle v_1 v_4 v_6$，如图 4.1（b）所示。

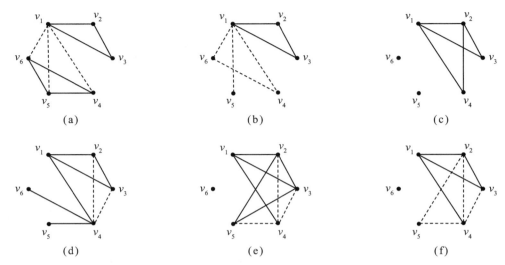

图 4.1 定理 4.1 和定理 4.2 的证明（实线表示边着红色，虚线表示边着蓝色）

事实上，还有比定理 4.1 更精准的结论，如定理4.2所示。

定理4.2 对 K_6 用红蓝两种颜色进行边着色，则至少着出两个同色三角形。

证明： 记 K_6 的 6 个顶点为 v_1、v_2、v_3、v_4、v_5 和 v_6。由定理 4.1 知：对 K_6 用红蓝两种颜色进行边着色，都能着出一个红色三角形或者一个蓝色三角形，不妨设着出了一个红色三角形$\triangle v_1 v_2 v_3$。从以下情况可证明还着出了另一同色三角形：

（1）若 $\{v_1, v_4\}$、$\{v_1, v_5\}$ 与 $\{v_1, v_6\}$ 同着蓝色，则类似于定理 4.1 的证明可知，要么$\triangle v_4 v_5 v_6$ 是一红色三角形，如图 4.1（a）所示；要么在 v_1、v_4、v_5 和 v_6 之间形成一个蓝色三角形，如图 4.1（b）所示。

（2）若 $\{v_1, v_4\}$、$\{v_1, v_5\}$ 与 $\{v_1, v_6\}$ 中有一条边着红色，不妨设 $\{v_1, v_4\}$ 着红色，此时考察 $\{v_2, v_4\}$ 和 $\{v_3, v_4\}$ 的着色。若 $\{v_2, v_4\}$ 与 $\{v_3, v_4\}$ 中有一条着红色，不妨设 $\{v_2, v_4\}$ 着红色，则$\triangle v_1 v_2 v_4$ 就形成一个红色三角形，如图 4.1（c）所示；若 $\{v_2, v_4\}$ 与 $\{v_3, v_4\}$ 均着蓝色，则又分如下两种情况：

① 若 $\{v_4, v_5\}$ 与 $\{v_4, v_6\}$ 均着红色，如图 4.1（d）所示，则类似于定理 4.1 的证明可知，要么$\triangle v_1 v_5 v_6$ 是一蓝色三角形，要么在 v_1、v_4、v_5 和 v_6 之间形成一个红色三角形。

② 若 $\{v_4, v_5\}$ 与 $\{v_4, v_6\}$ 中有一条边着蓝色，不妨设 $\{v_4, v_5\}$ 着蓝色，则边

$\{v_5, v_2\}$ 与 $\{v_5, v_3\}$ 的着色分如下两种情况：

· 若 $\{v_5, v_2\}$ 与 $\{v_5, v_3\}$ 均着红色，如图 4.1（e）所示，则形成一红色三角形 $\triangle\, v_2 v_3 v_5$。

· 若 $\{v_5, v_2\}$ 与 $\{v_5, v_3\}$ 中有一条着蓝色，则不论谁着蓝色都能形成一蓝色三角形：若 $\{v_5, v_2\}$ 着蓝色，则 $\triangle\, v_2 v_4 v_5$ 是蓝色，如图 4.1（f）所示；若 $\{v_5, v_3\}$ 着蓝色，则 $\triangle\, v_3 v_4 v_5$ 是蓝色。

显然，当 $n \geqslant 6$ 时，对完全图 K_n 用红蓝两种颜色进行边着色，总能着出一个红色三角形或者一个蓝色三角形。但是，K_5 呢？答案是否定的，因为存在如图 4.2 所示的一种着色方案，既没有红色三角形也没有蓝色三角形。进而容易提出以下问题：

（1）任给正整数 a 和 b，$a \geqslant 2$，$b \geqslant 2$，是否存在节点数最少的完全图，对其任意进行红蓝边着色总能着出红色 K_a 或者蓝色 K_b？

（2）若存在，这个完全图的节点数是多少？

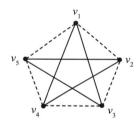

图 4.2 K_5 的一种着色方案（实线表示边着红色，虚线表示边着蓝色）

第（1）个问题是存在性问题，拉姆齐证明存在这样的完全图[1]，下面介绍其证明。首先，定义双色拉姆齐数（dual-color Ramsey number）[2]，如定义 4.1 所示。

定义 4.1（双色拉姆齐数） 已知 a 和 b 是正整数，$a \geqslant 2$，$b \geqslant 2$。关于 a 和 b 的双色拉姆齐数，记作 $R(a, b)$，是满足如下条件的最小正整数 n：对完全图 K_n 用红蓝两种颜色进行边着色，总能着出红色 K_a 或蓝色 K_b。

双色拉姆齐数具有明显的对称性和对于 a 或 b 为 2 时的易求解性。

---

[1]拉姆齐证明的是更一般化的结论，即后面章节所讲的广义拉姆齐定理[35]。

[2]有的文献直接将其称为拉姆齐数，有的将其称为经典拉姆齐数（classical Ramsey number），为便于叙述，本书将其称为双色拉姆齐数。实际上该数定义为一个函数，因此有的文献也称其为拉姆齐函数（Ramsey function）。

引理 4.1 (双色拉姆齐数的对称性) 如果 $R(a,b)$ 存在，则 $R(b,a)$ 存在且

$$R(b,a) = R(a,b) \tag{4.1}$$

证明： 将定义 4.1 中的红蓝换名即可得出该结论。

引理 4.2 (平凡双色拉姆齐数) 已知正整数 $a \geqslant 2$，则

$$R(a,2) = R(2,a) = a \tag{4.2}$$

证明： 对 K_a 用红蓝两种颜色进行边着色，如果有一条边着为蓝色，则存在蓝色 K_2，如果所有边都着为红色，则存在红色 K_a。因此，对任意的 $n \geqslant a$，对 K_n 任意进行红蓝边着色，总能着出红色 K_a 或者蓝色 K_2；而对 K_{a-1} 的边全部着红色，则其中既没有红色 K_a 也没有蓝色 K_2。因此，$R(a,2) = a$。

称 $R(a,2)$ 与 $R(2,a)$ 为平凡双色拉姆齐数（trivial dual-color Ramsey number），而对于一般的 $a \geqslant 3$ 且 $b \geqslant 3$ 的情况，称之为非平凡双色拉姆齐数（non-trivial dual-color Ramsey number）。格林伍德和格里森证明了引理4.3[①]。

引理 4.3 (双色拉姆齐数三角形不等式) 已知正整数 a 和 b，且 $a \geqslant 3$、$b \geqslant 3$，如果 $R(a-1,b)$ 与 $R(a,b-1)$ 存在，则 $R(a,b)$ 存在且

$$R(a,b) \leqslant R(a-1,b) + R(a,b-1) \tag{4.3}$$

证明： 令 $n = R(a-1,b) + R(a,b-1)$，对 K_n 用红蓝两种颜色进行边着色。给定一种着色后，任取 K_n 的一个顶点，不妨设为 v，则从表 4.1 可以看到（或用反证法也容易证明）以下两种情况：与 v 关联的 $R(a-1,b) + R(a,b-1) - 1$ 条被着色的边中，要么至少有 $R(a-1,b)$ 条红边，要么至少有 $R(a,b-1)$ 条蓝边。下面证明：无论哪种情况，要么存在红色 K_a，要么存在蓝色 K_b。

（1）与 v 关联的边中有 $R(a-1,b)$ 条被着成红色时，考察这些红边关联的除 v 之外的其他 $R(a-1,b)$ 个顶点所构成的完全图 $K_{R(a-1,b)}$。因为 $R(a-1,b)$ 存在，所以对 $K_{R(a-1,b)}$ 用红蓝两种颜色进行边着色，都存在红色 K_{a-1} 或蓝色 K_b。若存在的是蓝色 K_b，则结论得证；若存在的是红色 K_{a-1}，则这个红色 K_{a-1} 再加上顶点 v，以及顶点 v 与这个红色 K_{a-1} 所关联的 $a-1$ 条红边就构成一个红色 K_a，因此结论也成立。

---

① 引理 4.1~4.3、定理 4.3和4.4，以及下一节关于多色拉姆齐数相关的性质选自格林伍德（Robert E. Greenwood）和格里森（Andrew M. Gleason，1921–2008，美国数学家）的工作 [36]。

表 4.1　与顶点 v 关联的边中红蓝边数目所有可能的组合

红边数	蓝边数
$R(a-1,b)+R(a,b-1)-1$	0
$R(a-1,b)+R(a,b-1)-2$	1
$\vdots$	$\vdots$
$R(a-1,b)$	$R(a,b-1)-1$
$R(a-1,b)-1$	$R(a,b-1)$
$\vdots$	$\vdots$
1	$R(a,b-1)+R(a-1,b)-2$
0	$R(a,b-1)+R(a-1,b)-1$

（2）与 v 关联的边中有 $R(a,b-1)$ 条被着成蓝色时，同理可证或者着出了红色 K_a 或者着出了蓝色 K_b。

由于阶数小于 $R(a-1,b)+R(a,b-1)$ 的完全图的数目有限，所以 $R(a,b)$ 存在且 $R(a,b)\leqslant R(a-1,b)+R(a,b-1)$。

上述结论命名为双色拉姆齐数三角形不等式（triangular inequality of dual-color Ramsey numbers），借鉴了几何中三角形不等式的名字。利用归纳法，基于以上引理，即可推出双色拉姆齐数的存在性，如定理4.3所示。

定理 4.3 (双色拉姆齐数存在定理)　对任意的正整数 $a\geqslant 2$ 和 $b\geqslant 2$，双色拉姆齐数 $R(a,b)$ 存在。

尽管存在性得到肯定回答，但是，对于第（2）个问题——给出双色拉姆齐数 $R(a,b)$ 的具体的数值——目前对绝大多数情况来说都是极其困难的[①]。表 4.2 列出了目前已知的仅有的几个非平凡双色拉姆齐数，以及几个被缩小了取值范围的情况。寻找更紧致的上下界一直都是拉姆齐理论中的一个重要研究方向。

下面给出几个上下界。首先，格林伍德和格里森依据双色拉姆齐数三角形不等式推出了一个较宽泛的上界——定理4.4。

---

① 多位学者指出厄杜斯曾经把求解双色拉姆齐数的困难性比作外星人入侵问题："假设外星人将在一年后摧毁地球，除非我们人类能够在这一年中求得 $R(5,5)$。我们人类聚集全世界最聪明的大脑和最快的计算机或许能够在一年内计算出该值，但是，如果外星人要求在一年内求出 $R(6,6)$，则我们别无选择，只能对外星人实施先发制人的攻击。"编者没有从厄杜斯撰写的文章中找到他的原话（可能没有找全他的文章），此处选自文献 [38]，原文为："Suppose aliens invade the earth and threaten to obliterate it in a year's time unless human beings can find the Ramsey number for red five and blue five. We could marshal the world's best minds and fastest computers, and within a year we could probably calculate the value. If the aliens demanded the Ramsey number for red six and blue six, however, we would have no choice but to launch a preemptive attack."

表 4.2 已知的双色拉姆齐数，区间表示被发现的上下界[37]

a \ b	2	3	4	5	6	7	8	9
2	2	3	4	5	6	7	8	9
3	3	6	9	14	18	23	28	36
4	4	9	18	25	[36,40]	[49,58]	[59,79]	
5	5	14	25	[43,46]	[58,85]	[80,133]		
6	6	18	[36,40]	[58,85]	[102,165]	[115,298]		
7	7	23	[49,58]	[80,133]	[115,298]	[205,540]		
8	8	28	[59,79]					
9	9	36						

定理 4.4(双色拉姆齐数上界) 令 $a \geqslant 2$ 且 $b \geqslant 2$，则

$$R(a,b) \leqslant \binom{a+b-2}{a-1} \tag{4.4}$$

证明：（归纳法）当 $a+b=4$ 时，$a=b=2$，由引理 4.2 可知

$$R(a,b) = 2 \leqslant \binom{2+2-2}{2-1}$$

当 $a+b>4$ 时，假设两个参数的和小于 $a+b$ 的情况均成立，考虑 $a+b$ 的情况。由拉姆齐数三角形不等式得

$$R(a,b) \leqslant R(a,b-1)+R(a-1,b) \leqslant \binom{a+b-3}{a-1} + \binom{a+b-3}{a-2} = \binom{a+b-2}{a-1}$$

因此，$a+b$ 的情况也成立。

将 $a=b$ 时的双色拉姆齐数称为对角双色拉姆齐数（diagonal dual-color Ramsey number），而其他情况称为非对角双色拉姆齐数（non-diagonal dual-color Ramsey number）。对于对角双色拉姆齐数，厄杜斯与塞凯赖什发现了如下上下界[1]——定理4.5。

定理 4.5(对角双色拉姆齐数界值定理) 令 $a \geqslant 3$，则

$$2^{a/2} < R(a,a) \leqslant \binom{2a-2}{a-1} < 4^{a-1} \tag{4.5}$$

---

[1]厄杜斯发现并证明了这个下界[39]，尽管关于上界的这个成果出现在两人合作的论文中[32]，但厄杜斯在文献 [39] 中明确指出该上界是由塞凯赖什（George Szekeres，1911–2005，匈牙利数学家）证明的。另外，此处所介绍的关于下界的证明选自厄杜斯的论文[39]，而上界的证明是编者根据二项式的基本知识给出的。

证明：（上界证明）由定理 4.4 知：

$$R(a,a) \leqslant \binom{2a-2}{a-1}$$

下面只须证明 $a \geqslant 3$ 时不等式

$$\binom{2a-2}{a-1} < 4^{a-1}$$

恒成立即可。利用归纳法，当 $a = 3$ 时

$$\binom{2 \times 3 - 2}{3 - 1} = \binom{4}{2} = 6 < 4^2$$

结论成立。当 $a \geqslant 3$ 时，假设对 3、$\cdots$、a 的情况恒成立，则对 $a+1$ 的情况有

$$\binom{2(a+1)-2}{(a+1)-1} = \binom{2a}{a}$$
$$= \frac{2a \cdot (2a-1) \cdot (2a-2) \cdot \cdots \cdot (a+1)}{a!}$$
$$= \frac{2a \cdot (2a-1) \cdot (2a-2) \cdot \cdots \cdot (a+1) \cdot a}{a \cdot a \cdot (a-1)!}$$
$$= \frac{2a \cdot (2a-1)}{a^2} \cdot \binom{2a-2}{a-1} < \left(4 - \frac{2}{a}\right) \cdot 4^{a-1} < 4^a$$

所以，$a+1$ 的情况也成立。

（下界证明）记 $n = \lfloor 2^{a/2} \rfloor$。将完全图 K_n 的 n 个顶点有区别对待，则 K_n 共有 $n(n-1)/2$ 条不同的边，从而进行红蓝边着色共能得到

$$\sum_{k=0}^{n(n-1)/2} \binom{n(n-1)/2}{k} = 2^{n(n-1)/2}$$

个不同的被着色的图。

（反证法）假设 $R(a,a) \leqslant \lfloor 2^{a/2} \rfloor = n$，则在这 $2^{n(n-1)/2}$ 个被着色的图中都应当包含一个同色的 K_a，而下面展示，能够包含同色 K_a 的图不可能超过 $2^{n(n-1)/2}$ 个。考虑含有 n 个有区别对待的顶点所能形成的不同的图的个数，显然，这样的一个图可以看作对上述 K_n 的两种着色方案，即在这个图中的所有边可以看作对 K_n 中相应的边着了同种颜色，而这个图中的两个顶点没有连边则看作对 K_n 中

相应的两个顶点的连边着了另一种颜色[1]。n 个不同的顶点中的 a 个顶点共能形成 $\binom{n}{a}$ 个不同的 a-阶完全子图。给定这样一个 a-阶完全子图，则由这 n 个顶点构成且包含这个完全子图的图的个数为

$$\sum_{k=0}^{n(n-1)/2-a(a-1)/2} \binom{n(n-1)/2 - a(a-1)/2}{k} = 2^{n(n-1)/2-a(a-1)/2}$$
$$= \frac{2^{n(n-1)/2}}{2^{a(a-1)/2}}$$

因此，由这 n 个顶点构成且至少包含这 $\binom{n}{a}$ 个完全子图中的一个的所有可能的图的个数一定小于[2]

$$\binom{n}{a} \cdot \frac{2^{n(n-1)/2}}{2^{a(a-1)/2}} < \frac{n^a}{a!} \cdot \frac{2^{n(n-1)/2}}{2^{a(a-1)/2}} \leqslant \frac{2^{a/2}}{a!} \cdot 2^{n(n-1)/2} < \frac{2^{n(n-1)/2}}{2}$$

这说明，对这 n 个顶点构成的完全图 K_n 用红蓝两种颜色进行边着色总能着出一个同色 K_a 的着色方案数一定小于

$$2 \cdot \frac{2^{n(n-1)/2}}{2} = 2^{n(n-1)/2}$$

矛盾产生，因此结论得证。

从上述证明可知，给定一个 a，如果

$$\binom{n}{a} \cdot \frac{2^{n(n-1)/2}}{2^{a(a-1)/2}} < \frac{2^{n(n-1)/2}}{2}$$

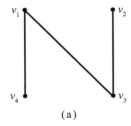
(a)

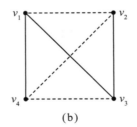
(b)

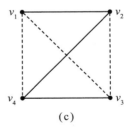
(c)

图 4.3　（a）是一个含有 4 个顶点的图，（b）和（c）对应 K_4 的两种着色方案
（实线表示边着红色，虚线表示边着蓝色）

---

[1] 因为颜色有两种，所以这样的一个图看作 K_n 的两种着色方案，譬如图 4.3（a）所示的含有 4 个顶点的图，则对应 K_4 中的两种着色方案，如图 4.3 的（b）和（c）所示。
[2] "一定小于"是由于它们之间一定有被重复统计的。

即

$$\binom{n}{a}2^{1-\binom{a}{2}} < 1$$

则 $R(a,a) > n$，因此，依据不等式 $\binom{n}{a}2^{1-\binom{a}{2}} < 1$ 可以找出一个最大的 n，作为 $R(a,a)$ 的下界。令人更感兴趣的是，这一结论还可以利用概率的基本原理来证明[①]。首先给出概率论中的一个基本结论：

引理 4.4 令 A_k 是一概率空间中发生概率为 $Pr(A_k)$ 的事件，$1 \leqslant k \leqslant n$，且 $Pr(A_k) \leqslant q$。如果 $nq < 1$，则

$$Pr\Big(\bigcap_{k=1}^{n} \overline{A_k}\Big) > 0 \tag{4.6}$$

引理 4.4 是说：如果或 A_1 发生、或 A_2 发生、$\cdots$、或 A_n 发生的概率小于 1，则 A_1 不发生、且 A_2 不发生、$\cdots$、且 A_n 不发生的概率大于 0。

定理 4.6 (对角双色拉姆齐数下界) 如果正整数 n 和 a 满足

$$\binom{n}{a}2^{1-\binom{a}{2}} < 1 \tag{4.7}$$

则

$$R(a,a) > n \tag{4.8}$$

证明： 对一个完全图 K_n 用红蓝两种颜色进行边着色，假设对一条边着成红色或蓝色是独立等概率的。给定一个含有 a 个顶点的顶点集 S，令事件 A_S 表示 S 中的这 a 个顶点构成的完全图被着成同色，则

$$Pr(A_S) = \frac{2}{2^{a(a-1)/2}} = 2^{1-\binom{a}{2}}$$

在 K_n 中有 $\binom{n}{a}$ 个不同的 S，因此，这 $\binom{n}{a}$ 个不同的 S 中至少有一个被着成同色的概率为

$$Pr\Big(\bigcup_S A_S\Big) \leqslant \binom{n}{a}2^{1-\binom{a}{2}}$$

[①] 这一基于概率原理的证明选自文献 [40]，之所以将该成果放进本书，是因为这种将描述不确定性问题的概率引入确定性问题的求解中的思想与方法值得学习。

进而由引理 4.4 和已知条件就得到

$$Pr\left(\bigcap_S \overline{A_S}\right) > 0$$

这意味着存在如下情况：这 $\binom{n}{a}$ 个含 a 个顶点的完全图均没有被着成同色，因此，$R(a,a) > n$。

容易写一程序去探测满足不等式

$$\binom{n}{a} 2^{1-\binom{a}{2}} < 1$$

或者说满足不等式

$$n(n-1)\cdots(n-a+1) < a!2^{\binom{a}{2}-1}$$

的最大的 n。譬如 $a = 5$，可求得满足上述不等式的最大的 n 为 11，而该下界比利用定理 4.5 所得的下界（$2^{5/2} \approx 5.7$）更优。

4.2　多色拉姆齐数

很容易将双色拉姆齐数扩展到多色拉姆齐数（multi-color Ramsey number），如定 4.2 所示。

定义 4.2(多色拉姆齐数)　已知整数 $n \geqslant 2$、$a_1 \geqslant 2$、$a_2 \geqslant 2$、$\cdots$、$a_n \geqslant 2$，符号 c_1、c_2、$\cdots$、c_n 表示 n 种不同的颜色。关于 a_1、a_2、$\cdots$、a_n 的 n–色拉姆齐数，记作 $R(a_1, a_2, \cdots, a_n)$，是满足如下条件的最小正整数 m：对完全图 K_m 使用 c_1、c_2、$\cdots$、c_n 进行边着色，则存在 $k \in \{1, 2, \cdots, n\}$ 使得 K_m 的某个 a_k–阶完全子图被着成 c_k 色。

引理 4.5　若 $R(a_1, a_2, \cdots, a_n)$ 存在，则对任意的 $j, k \in \{1, 2, \cdots, n\}$，有

$$R(a_1, \cdots, a_j, \cdots, a_k, \cdots, a_n) = R(a_1, \cdots, a_k, \cdots, a_j, \cdots, a_n) \tag{4.9}$$

引理 4.6(平凡多色拉姆齐数)　若 $R(a_1, \cdots, a_n)$ 存在，则 $R(a_1, \cdots, a_n, 2)$ 存在，且

$$R(a_1, \cdots, a_n, 2) = R(a_1, \cdots, a_n) \tag{4.10}$$

引理 4.7 (多色拉姆齐数不等式) 已知正整数 $n \geqslant 2$、$a_1 \geqslant 3$、$a_2 \geqslant 3$、$\cdots$、$a_n \geqslant 3$，则有如下不等式：

$$R(a_1, a_2, \cdots, a_n) \leqslant \sum_{k=1}^{n} \left(R(a_1, \cdots, a_k - 1, \cdots, a_n) - 1 \right) + 2 \tag{4.11}$$

定理 4.7 (多色拉姆齐数存在定理) 对任意的正整数 $n \geqslant 2$、$a_1 \geqslant 2$、$a_2 \geqslant 2$、$\cdots$、$a_n \geqslant 2$，n–色拉姆齐数 $R(a_1, a_2, \cdots, a_n)$ 存在。

定理 4.8 (多色拉姆齐数上界) 令 $n \geqslant 2$、$a_1 \geqslant 2$、$a_2 \geqslant 2$、$\cdots$、$a_n \geqslant 2$，则

$$R(a_1, a_2, \cdots, a_n) \leqslant \frac{(a_1 + a_2 + \cdots + a_n - n)!}{(a_1 - 1)!(a_2 - 1)! \cdots (a_n - 1)!} \tag{4.12}$$

定理 4.9 $R(3, 3, 3) = 17$。

证明： 由引理 4.5~引理 4.7 可知，$R(3, 3, 3) \leqslant 3R(3, 3, 2) - 1 = 3R(3, 3) - 1 = 17$。下证：存在 K_{16} 的一种 3–色边着色方案，其中就没有同色三角形[①]。定义 $\mathbb{B}^4$ 上的按位异或运算 $\oplus$，显然，$\oplus$ 满足交换律、结合律，$(0000)_2$ 是零元，且一个元素的逆元是它自身。例如，$(0110)_2 \oplus (1100)_2 = (1010)_2$。定义如下互不相交的集合：

$$
\begin{aligned}
red &= \{0001, 0010, 0111, 1011, 1111\} \\
blue &= \{0100, 0110, 0101, 1010, 1101\} \\
green &= \{1000, 0011, 1001, 1100, 1110\}
\end{aligned}
$$

容易验证，给定上面的一个集合，内部的两个不同元素的异或结果都不在该集合内。将 K_{16} 的顶点用 0 至 15 的 16 个整数的 4 位二进制码编号，进行如下边着色：如果两个顶点的编号的异或值属于某个集合，则其连边用相应的颜色着色。例如编号为 $5 = (0110)_2$ 和 $12 = (1100)_2$ 的两个顶点，由于异或值为 $(1010)_2 \in blue$，所以这两点的连边着蓝色。用反证法可以证明：该着色方案没有同色三角形。假设此方案着出一个同色三角形，不妨设为红色三角形，令其顶点的编号分别为 x、y、z，则 $x \oplus y \in red$、$y \oplus z \in red$、$x \oplus z \in red$，因为 $x \oplus z = (x \oplus y) \oplus (y \oplus z)$，所以当 $x \oplus y \in red$ 且 $y \oplus z \in red$ 时，依据 red、$blue$、$green$ 的定义就应当有 $(x \oplus y) \oplus (y \oplus z) \notin red$，即 $x \oplus z \notin red$，与 $x \oplus z \in red$ 相矛盾。

[①]格林伍德和格里森使用三次剩余法（cubic residue）[36]首次证明 $R(3, 3, 3) > 16$，这里是另一种更直观的证明，选自文献 [41]。

下面，利用多色拉姆齐数证明舒尔发现的一个结论[①]。为便于叙述，当一个正整数集合中存在三个元素 x、y、z 满足 $x+y=z$ 时，称该集合为有和集合（set with sum），否则称其为无和集合（sum-free set），这里 x 与 y 可以相同。如 $\{1,2\}$ 与 $\{1,3,4,9\}$ 是两个有和集合，而 $\{1,3,9\}$ 是一个无和集合。

定理 4.10（舒尔定理） 给定任一正整数 n，存在一个最小的正整数 s_n 满足：对集合 $\{1,2,\cdots,s_n\}$ 任意划分为 n 个子集，则每种划分都包含一个有和子集。

证明： 先看一些简单情况。当 $n=1$ 时，$s_1=2$，这是因为将 $\{1,2\}$ 划分为 1 个子集是它自身，而它是一个有和集合。当 $n=2$ 时，不难试出 $s_2=5$。$s_2=2$ 不可以，因为当 $\{1,2\}$ 划分为 $\{1\}$ 与 $\{2\}$ 两个子集时，这两个子集均不是有和集合；$s_2=3$ 也不可以，因为当 $\{1,2,3\}$ 划分为 $\{1,3\}$ 与 $\{2\}$ 两个子集时，这两个子集也均不是有和集合；$s_2=4$ 也不可以，因为当 $\{1,2,3,4\}$ 划分为 $\{1,4\}$ 与 $\{2,3\}$ 两个子集时，这两个子集也均不是有和集合。不难写出 $\{1,2,3,4,5\}$ 划分为两个子集的所有情况，容易检验每一种情况中都存在一个有和子集，留作课下练习。

与拉姆齐数类似，当集合 $\{1,2,\cdots,s_n\}$ 任意划分为 n 个子集而每种划分都包含一个有和子集时，对更大的 $k\geqslant s_n$ 来说，当集合 $\{1,2,\cdots,k\}$ 任意划分为 n 个子集时，每种划分都存在一个有和子集。换句话说，若能找到某个 k 使得对集合 $\{1,2,\cdots,k\}$ 任意划分为 n 个子集时每种划分都包含一个有和子集，则说明 s_n 存在并且 $s_n\leqslant k$，下面证明这个 k 可以为

$$R(\underbrace{3,3,\cdots,3}_{n\uparrow})$$

为便于叙述，将上述含有 n 个 3 的拉姆齐数简记为 r_n，而 s_n 通常被称为舒尔数（Schur number）。

设 $\{S_1,S_2,\cdots,S_n\}$ 是 $\{1,2,\cdots,r_n\}$ 的任一划分，$\{c_1,c_2,\cdots,c_n\}$ 是 n 种不

[①] 舒尔（Issai Schur，1875–1941，德国数学家）对该结论的证明方法也非常有意思，因其文章是德文[42]，所以其证明方法可参见文献 [43]。哪篇文章最早使用拉姆齐理论来证明该结论，编者没有找到，此处参考了文献 [43] 和 [44]。舒尔给出该结论的目的是提供一个更简单的方法来证明迪克森（Leonard E. Dickson，1874–1954，美国数学家）发现并证明的一个与费马大定理有关的结论[45]。费马大定理（Fermat's last theorem）是：当正整数 $n>2$ 时，关于 x、y、z 的方程 $x^n+y^n=z^n$ 没有正整数解。1637 年左右，费马（Pierre de Fermat，1601–1665，法国数学家）写下问题：“将一个立方数分成两个立方数之和，或一个四次幂分成两个四次幂之和，或者一般地将一个高于二次的幂分成两个同次幂之和，这是不可能的。”并声称：“关于此，我确信已发现了一种美妙的证法，可惜这里空白的地方太小，写不下。”拉丁文原文：“Cubum autem in duos cubos, aut quadratoquadratum in duos quadratoquadratos, et generaliter nullam in infinitum ultra quadratum potestatem in duos ejusdem nominis fas est dividere: cujus rei demonstrationem mirabilem sane detexi. Hanc marginis exiguitas non caperet.[46]” 1909 年，费马大定理还没有被证明，但迪克森发现并证明：对一个充分大的素数 p，存在 x、y、$z\in\{1,2,\cdots,p-1\}$ 满足 $x^n+y^n\equiv z^n\pmod{p}$。

同的颜色。对 K_{r_n} 的 r_n 个顶点用 1、2、$\cdots$、r_n 编号，并依据以下规则进行边着色：如果两个顶点的编号之差的绝对值属于 S_j，则这两点的连边用 c_j 着色，$j \in \{1, 2, \cdots, n\}$。因为用 n 种颜色对 K_{r_n} 的任一着色方案都着出一个同色三角形（不妨设为 c_j 色三角形），所以该三角形的三个顶点的编号（不妨设这三个顶点的编号为 a、b、c 并且不妨设 $a > b > c$）就满足：

$$a - b \in S_j \wedge b - c \in S_j \wedge a - c \in S_j$$

令 $x = a - b$、$y = b - c$、$z = a - c$，则 $x + y = z$，即 S_j 是一个有和集合。因此，最小的正整数 s_n 存在且 $s_n \leqslant r_n$。

4.3 广义拉姆齐数

广义拉姆齐数（generalized Ramsey number）有多种表述形式，有的以物品放入盒子的形式，有的以超图（hypergraph）着色的形式，此处尽量与拉姆齐所用的集合着色的形式保持一致[①]。

定义 4.3 (广义拉姆齐数) 给定正整数 t、n、$a_1 \geqslant t$、$a_2 \geqslant t$、$\cdots$、$a_n \geqslant t$，关于它们的广义拉姆齐数，记作 $R(a_1, a_2, \cdots, a_n; t)$，是满足如下条件的最小正整数 m：设 S 是一个 m–元集合，而 c_1、c_2、$\cdots$、c_n 是 n 种颜色，将 S 的所有 t–元子集任意用这 n 种颜色着色，则存在 $k \in \{1, 2, \cdots, n\}$ 使得 S 中的某 a_k 个元素的所有 t–元子集全被着为 c_k 色。

鸽巢原理与 n–色拉姆齐数均为广义拉姆齐数的特殊情况。

当 $t = 1$ 时，令 $m = a_1 + a_2 + \cdots + a_n - n + 1$，$S$ 就看作 m 个物品的集合，它的一个 1–元子集就对应一个物品，n 种颜色看作 n 个盒子，则"将 S 的所有 1–元子集任意用这 n 种颜色着色"就等价于"将这 m 个物品任意放到这 n 个盒子中"，而"存在 $k \in \{1, 2, \cdots, n\}$ 使得 S 中的某 a_k 个元素的所有 1–元子集全被着为 c_k 色"就等价于"存在 $k \in \{1, 2, \cdots, n\}$，第 k 个盒子中至少有 a_k 个物品"。与鸽巢原理（推论 3.2）一致。

当 $t = 2$ 时，m–元集合 S 可以看作一个 m–阶完全图的 m 个顶点的集合，而

[①] 事实上，拉姆齐所给出的定义仍然是此处定义的一种特殊形式，即 $a_1 = a_2 = \cdots = a_n$ 的对角情况[35]，此处的定义与证明选自文献 [40]。

S 的一个 2–元子集就对应两个相应顶点的连边。因此，"将 S 的所有 2–元子集任意用这 n 种颜色着色"就等价于"用这 n 种颜色对 m–阶完全图的边任意着色"，而"存在 $k \in \{1, 2, \cdots, n\}$ 使得 S 中的某 a_k 个元素的所有 2–元子集全被着为 c_k 色"就等价于"存在 $k \in \{1, 2, \cdots, n\}$ 使得 m–阶完全图的某个 a_k–阶完全子图被着为 c_k 色"。因此，$R(a_1, a_2, \cdots, a_n; 2) = R(a_1, a_2, \cdots, a_n)$。

当 $t > 2$ 时，m–元集合 S（考虑其 t–元子集）可以看作一个含有 m 个顶点的 t–均齐完全超图①。因此，"将 S 的所有 t–元子集任意用这 n 种颜色着色"就等价于"用这 n 种颜色对此 t–均齐完全超图的边任意着色"，而"存在 $k \in \{1, 2, \cdots, n\}$ 使得 S 中的某 a_k 个元素的所有 t–元子集全被着为 c_k 色"就等价于"存在 $k \in \{1, 2, \cdots, n\}$ 使得此完全超图中的某个含有 a_k 顶点的 t–均齐完全子超图被着为 c_k 色"。$t = 1$ 时的情况也可以看作 1–均齐完全超图。

需要指出的是，虽然拉姆齐证明 $R(a, a, \cdots, a; t)$ 存在（其中有 n 个 a，$a \geqslant t$，为便于叙述，称其为广义对角拉姆齐数），但这自身就意味着 $R(a_1, a_2, \cdots, a_n; t)$ 存在，因为只需令 $a = \max\{a_1, a_2, \cdots, a_n\}$ 即可，显然依据定义 4.3 可知，当 $R(a, a, \cdots, a; t)$ 存在时 $R(a_1, a_2, \cdots, a_n; t)$ 存在，且

$$R(a_1, a_2, \cdots, a_n; t) \leqslant R(a, a, \cdots, a; t)$$

因此，证明存在性时只需考虑对角情况即可。假设使用颜色 $\{c_1, c_2, \cdots, c_n\}$ 对集合 S 的所有 t–元子集进行着色。为便于叙述，用 χ^t 表示一种着色方案，而 χ^t 事实上是如下一个函数：

$$\chi^t\colon \mathbb{S}_t \to \{c_1, c_2, \cdots, c_n\}$$

其中，$\mathbb{S}_t$ 表示 S 的所有 t–元子集。

定理 4.11 (广义拉姆齐数存在定理)　*广义拉姆齐数 $R(a_1, a_2, \cdots, a_n; t)$ 存在。*

证明： 对 t 进行归纳。前面已说明当 $t = 1$、2 时，结论成立。假设给定 $t > 2$ 时对任意小于 t 的情况结论均成立，下面考察 t 的情况，只需考虑 $R(a, a, \cdots, a; t)$ 的存在性，这里有 n 个 a，$a = \max\{a_1, a_2, \cdots, a_n\}$，记 $r = R(a, a, \cdots, a; t - 1)$。

令 m 充分大；令 χ^t 是对 m–元集合 S 的所有 t–元子集的任意一种着色方案；令 $\{v_1, v_2, \cdots, v_{t-2}\}$ 是 S 的任一子集，记该子集的补集为 S_{t-1}，即

---

① 一个超图意味着多个顶点联合形成一条边，一个 t–均齐超图（t-uniform hypergraph）意味着每一条边都是由 t 个顶点联合形成，一个 t–均齐完全超图（t-uniform complete hypergraph）意味着图中的任意 t 个顶点都联合形成一条边。

$$S_{t-1} = S \setminus \{v_1, v_2, \cdots, v_{t-2}\}$$

下面，从 S_{t-1} 出发构造出 S 的一个 r-元子集 $\{v_1, v_2, \cdots, v_{t-2}, v_{t-1}, v_t, \cdots, v_r\}$，并证明存在该子集的一个 a-元子集 $\{v_{j_1}, v_{j_2}, \cdots, v_{j_a}\}$ 满足：它的所有 t-元子集在着色方案 χ^t 中都被着成了同一种颜色。

给定 S_k（k 初始值为 $t-1$），按以下规则选择 v_k 以及生成 S_{k+1}：

（1）任意选择 S_k 中的一个元素，记为 v_k。

（2）按如下规则将 $S_k \setminus \{v_k\}$ 划分为一组等价类：$x \in S_k \setminus \{v_k\}$ 和 $y \in S_k \setminus \{v_k\}$ 在同一个等价类中当且仅当对 $\{v_1, v_2, \cdots, v_{t-2}, \cdots, v_k\}$ 的任一 $(t-1)$-元子集 X 都有

$$\chi^t(X \cup \{x\}) = \chi^t(X \cup \{y\})$$

（3）选择这些等价类中最大的那个作为 S_{k+1}。

由于 m 充分大，所以这一过程可以持续进行直至 v_r 被选出①，生成过程如图 4.4 所示。显然，对每一个 k（$t-1 \leqslant k < r$）都有 $S_{k+1} \subseteq S_k \setminus \{v_k\}$。考察集合 $\{v_1, v_2, \cdots, v_{t-2}, v_{t-1}, v_t, \cdots, v_r\}$，由于先后生成的原因，也可以把它们看作一个序列 $\langle v_1, v_2, \cdots, v_{t-2}, v_{t-1}, v_t, \cdots, v_r \rangle$。考察此序列的任一长度为 t 的子序列 $\langle v_{k_1}, v_{k_2}, \cdots, v_{k_{t-1}}, v_l \rangle$，显然 $1 \leqslant k_1 < k_2 < \cdots < k_{t-1} < l \leqslant r$，并且 $v_l \in S_l \subseteq S_{k_{t-1}+1}$。依据生成规则知：

$$\forall x \in S_{k_{t-1}+1}: \quad \chi^t(\{v_{k_1}, v_{k_2}, \cdots, v_{k_{t-1}}, v_l\}) = \chi^t(\{v_{k_1}, v_{k_2}, \cdots, v_{k_{t-1}}, x\})$$

注意：$v_{k_{t-1}+1}$、$v_{k_{t-1}+2}$、$\cdots$、v_r 均属于 $S_{k_{t-1}+1}$。定义集合 $\{v_1, v_2, \cdots, v_r\}$ 上的 $(t-1)$-元子集的一种着色方案 χ^{t-1} 如下：对任意的 $1 \leqslant k_1 < k_2 < \cdots < k_{t-1} \leqslant r$ 以及任意的 $k_{t-1} < l \leqslant r$ 都有

---

① 因为 $\{v_1, v_2, \cdots, v_{t-2}, \cdots, v_k\}$ 有 $\binom{k}{t-1}$ 个 $(t-1)$-元子集，而这样的一个 $(t-1)$-元子集与 $S_k \setminus \{v_k\}$ 中的一个元素形成的 t-元集合有 n 种着色可能，所以，形成的等价类最多有 $n^{\binom{k}{t-1}}$ 个。因此，依据鸽巢原理（推论 3.3）知：

$$\forall k \in \{t-1, t, \cdots, r-1\}: \quad |S_{k+1}| \geqslant \left\lceil \frac{|S_k| - 1}{n^{\binom{k}{t-1}}} \right\rceil \geqslant (|S_k| - 1) n^{-\binom{k}{t-1}}$$

又因为 $|S_{t-1}| = m - (t-2)$ 以及 $|S_r| \geqslant 1$，所以根据上面递归关系可知 m 取以下值足矣：

$$m = 2n^c, \quad c = \sum_{k=t-1}^{r-1} \binom{k}{t-1}$$

$$\chi^{t-1}(\{v_{k_1}, v_{k_2}, \cdots, v_{k_{t-1}}\}) = \chi^t(\{v_{k_1}, v_{k_2}, \cdots, v_{k_{t-1}}, v_l\})$$

这里注意一点：当 $k_{t-1} = r$ 时，$\chi^{t-1}(\{v_{k_1}, v_{k_2}, \cdots, v_{k_{t-1}}\})$ 可以是任一颜色。依据归纳假设，$\{v_1, v_2, \cdots, v_r\}$ 必有一个 a–元子集，不妨记为 $\{x_1, x_2, \cdots, x_a\}$，它的所有 $(t-1)$–元子集在着色方案 χ^{t-1} 中被着为同色，不妨设为 c_1 色。因此，对任意的 $1 \leqslant j_1 < \cdots < j_{t-1} < j_t \leqslant a$ 都有

$$\chi^t(\{x_{j_1}, \cdots, x_{j_{t-1}}, x_{j_t}\}) = \chi^{t-1}(\{x_{j_1}, \cdots, x_{j_{t-1}}\}) = c_1$$

所以 t 的情况也成立。

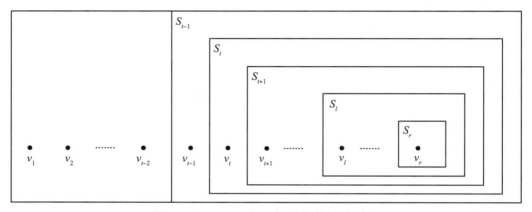

图 4.4 定理4.11中同色子集的构造过程

4.4 应用：香农容量

信道的香农容量（Shannon capacity）是衡量信道的一个重要参数[注]，是指在随机发生误码的噪声信道（noisy channel）上进行无误传输的最大传输速率，该定义由香农提出。

一个混淆图（confusion graph）是一个无自环的无向图，它的顶点集对应噪声信道上传输的字母表（alphabet），两个不同顶点有连边当且仅当所对应的两个不同字母在信道上传输能够以相同的字母被接收。两个不同字母在噪声信道上传输能够以相同的字母被接收，则称这两个字母能够被混淆。希望选择一组信号，经过噪声信道传输，收到它们后不会被混淆，这对应于在混淆图中选择一个独立集（independent set），一个独立集意味着它的任意两个不同顶点之间都没有连边。

[注]香农容量，有时也被称为香农极限（Shannon limit）或无误容量（zero-error capacity）[48]。本节内容参考了文献 [49] 与 [50]。

例如，在图 4.5（a）和（b）所示的混淆图中，最大的独立集包含两个顶点，如此，可以选择 2 个字母，譬如图 4.5（b）中的 a 和 c，作为无歧义编码字母表（unambiguous code alphabet）用于编码被传输的消息。

给定一个混淆图 G，$\alpha(G)$ 表示图中最大独立集的顶点数，如图 4.5 所示，$\alpha(G_1) = \alpha(G_2) = 2$。为便于叙述，用 $V(G)$ 表示图 G 的顶点集，用 $E(G)$ 表示图 G 的边集。

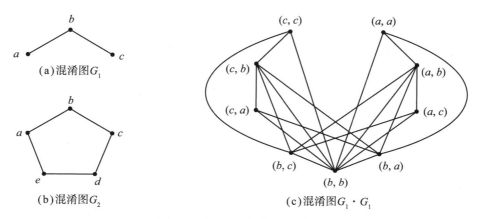

图 4.5 混淆图及其正规乘积

为产生一个更大的无歧义编码字母表用于编码与传输更多的信息，可以考虑混淆图的正规乘积（normal product）。

定义 4.4(图的正规乘积) 图 G_1 和 G_2 的正规乘积，记为 $G_1 \cdot G_2$，其顶点集为 $V(G_1)$ 与 $V(G_2)$ 的笛卡儿乘积（Cartesian product），$\{(a,b),(c,d)\} \in E(G_1 \cdot G_2)$ 当且仅当满足以下条件：

（1）如果 $a \neq c$ 且 $b \neq d$，则 $\{a,c\} \in E(G_1)$ 且 $\{b,d\} \in E(G_2)$。

（2）如果 $a = c$，则 $\{b,d\} \in E(G_2)$。

（3）如果 $b = d$，则 $\{a,c\} \in E(G_1)$。

考虑图 4.5（a）所示的混淆图 G_1 与它自身执行正规乘积，其结果如图 4.5（c）所示。显然 $\alpha(G_1 \cdot G_1) = 4$，这是因为 $\{(a,a),(c,c),(a,c),(c,a)\}$ 是最大独立集，这些有序对——或者看作两个字母的字符串——在噪声信道上传输时不会被混淆。因此，它们可以构成一个更大的无歧义编码字母表，并且如此下去，则可构造更大的无歧义编码字母表。

给定一个混淆图 G，混淆图 $G \cdot G$ 中最大的独立集的元素个数是多少？赫德林（Zdeněk Hedrlín）给出了如下一个上界[①]——定理4.12。

定理 4.12 (赫德林定理) 任给两个图 G_1 和 G_2，则

$$\alpha(G_1 \cdot G_2) \leqslant R(\alpha(G_1) + 1, \alpha(G_2) + 1) - 1 \tag{4.13}$$

证明： 利用反证法。令 $n = R(\alpha(G_1) + 1, \alpha(G_2) + 1)$，假设 $\alpha(G_1 \cdot G_2) \geqslant n$，令 S 是图 $G_1 \cdot G_2$ 的一个含有 n 个顶点的独立集，令 (a, b) 和 (c, d) 是 S 中的任意两个顶点，则依据图的正规乘积的定义可知如下两种情况中必有一个成立：

（1） $a \neq c$ 且 $\{a, c\} \notin E(G_1)$。

（2） $b \neq d$ 且 $\{b, d\} \notin E(G_2)$。

考虑 S 中的这 n 个顶点所形成的完全图，按如下规则对其进行红蓝边着色：任给边 $\{(a, b), (c, d)\}$，如果该边符合情况 (1) 但不符合情况 (2) 则着成红色；如果符合情况 (2) 但不符合情况 (1) 则着成蓝色；如果既符合情况 (1) 又符合情况 (2) 则红蓝随意着。由拉姆齐定理知：在该着色的完全图中，要么存在红色的 $K_{\alpha(G_1)+1}$，要么存在蓝色的 $K_{\alpha(G_2)+1}$。若存在红色的 $K_{\alpha(G_1)+1}$，考虑该红色完全子图的任意两个顶点 (a, b) 和 (c, d)，则它们在图 $G_1 \cdot G_2$ 中符合情况 (1)，由此知：图 G_1 存在一个含有 $\alpha(G_1) + 1$ 个顶点的独立集，与 G_1 中最大独立集的元素个数是 $\alpha(G_1)$ 相矛盾；同理，若存在蓝色的 $K_{\alpha(G_2)+1}$，则同样得出一个矛盾的结果。因此，$\alpha(G_1 \cdot G_2) < n$。

针对图4.5（b）中所示的混淆图 G_2，容易验证 $\{(a, a), (b, c), (c, e), (d, b), (e, d)\}$ 是 $G_2 \cdot G_2$ 的一个独立集，而依据该结论知：

$$\alpha(G_2 \cdot G_2) \leqslant R(\alpha(G_2) + 1, \alpha(G_2) + 1) - 1 = R(3, 3) - 1 = 5$$

因此，上述独立集是最大的。

给定一个混淆图 G，可以通过混淆图

$$G^k \triangleq \underbrace{G \cdot G \cdot \cdots \cdot G}_{k\text{个}}$$

产生一个更大的独立集，作为一个由长度为 k 的字符串构成的无歧义编码集。给

[①]编者没有查找到赫德林太多信息，只知他与厄杜斯合作过，该结论及其证明选自文献 [49]，此文献指出该结论由赫德林在文献 [51] 中给出，但编者没能获得文献 [51] 的原文。

定混淆图 G，香农定义如下上确界：

$$c(G) = \sup_k \sqrt[k]{\alpha(G^k)} \tag{4.14}$$

作为度量噪声信道容量的一个指标，香农将其称为图 G 的容量（capacity of graph G）或信道的无误容量（zero-error capacity of the channel），现在更多的将其称为香农容量。该指标非常难计算，针对图 4.5（b）中的 G_2，洛瓦兹[①]证明 $c(G_2) = \sqrt{5}$。

<h2 style="text-align:center">习　　题</h2>

1. 证明：对 10 个顶点的完全图 K_{10} 用红蓝两色进行边着色，总能着出一个红色的 K_3 或者一个蓝色的 K_4。

2. 证明：对 9 个顶点的完全图 K_9 用红蓝两色进行边着色，总能着出一个红色的 K_3 或者一个蓝色的 K_4。

3. 证明：$R(3,4) > 8$。

4. 证明：如果 $R(a-1,b)$ 与 $R(a,b-1)$ 为偶数，则 $R(a,b) < R(a-1,b) + R(a,b-1)$。

5. 证明：给定 $a \geqslant 2$ 和 $b \geqslant 2$，如果存在实数 $q \in [0,1]$ 满足

$$\binom{n}{a} q^{\binom{a}{2}} + \binom{n}{b} (1-q)^{\binom{b}{2}} < 1$$

则 $R(a,b) > n$。（提示：参考文献 [47] 和 [40]）

6. 证明：$R(a_1, a_2, \cdots, a_n) \leqslant R(a_1, R(a_2, \cdots, a_n))$。

7. 证明：舒尔数 s_n 满足：

（1）$s_n \geqslant 3s_{n-1} - 1$。

（2）$s_n \geqslant \frac{1}{2}(3^n + 1)$。

8. 学校某社团有 66 名同学，来自 4 个省份，用 1 到 66 的这 66 个整数对他们进行编号。证明：无论怎么编号，都至少有一名同学的编号或者等于来自同一省份的另外某两名同学编号的和、或者等于来自同一省份的另外某一位同学编号的两倍。

[①]洛瓦兹（László Lovász），1948–，匈牙利数学家，阿贝尔奖与沃尔夫奖获得者。

9. 已知 $a \geqslant t$，证明 $R(a, t; t) = R(t, a; t) = a$。

10. 证明：$R(a_1, a_2, \cdots, a_n; 1) = a_1 + a_2 + \cdots + a_n - n + 1$。

11. 使用定理 4.10 证明：对于一个充分大的素数 p，存在 x、y、$z \in \{1, 2, \cdots, p-1\}$ 满足 $x^n + y^n \equiv z^n \pmod{p}$。

12. 试编程求解混淆图的香农容量。

第5章　生成函数

本章只介绍生成函数的基本性质、几个常用的生成函数及其在概率上的一个简单应用。利用生成函数求解递归关系将放在第6章讲解；第7章给出一个使用生成函数求解旅行商问题的方法，该应用案例之所以放在那里，是因为它也用到了容斥原理；事实上，第8章的波利亚计数定理也会用到生成函数。

5.1　生成函数的定义与运算

生成函数（generating function）[①]，有时也翻译为母函数，是处理与数列有关的计数问题的有效途径之一。给定一个数列 $\langle a_k \rangle_{k \geqslant 0}$，该数列的生成函数定义为：

$$\mathcal{G}(x) \triangleq \sum_{k \geqslant 0} a_k x^k \tag{5.1}$$

当 $\langle a_k \rangle_{k \geqslant 0}$ 是一个有限数列时，$\mathcal{G}(x)$ 是一个多项式（polynomial）；当 $\langle a_k \rangle_{k \geqslant 0}$ 是一个无限数列时，$\mathcal{G}(x)$ 是一个幂级数（power series）。一定注意：数列的项依次为 x^0、x^1、x^2、x^3、$\cdots$ 的系数。

事实上，前面已经接触过生成函数。例如第2章的二项式定理，$(1+x)^n$ 就是二项式系数数列 $\left\langle \binom{n}{0}, \binom{n}{1}, \cdots, \binom{n}{n} \right\rangle$ 的生成函数，这是由于

$$(1+x)^n = \sum_{k=0}^{n} \binom{n}{k} x^k$$

利用该生成函数，更容易证明一些二项式恒等式：如第2章中全和恒等式，只需令 $x = 1$ 即可；又如奇偶互等性，只需令 $x = -1$ 即可；划分超限性的证明也用到了生成函数。后面章节还会多次用到生成函数。

下面先考察生成函数的一些基本运算。令 $\mathcal{G}(x)$ 和 $\mathcal{F}(x)$ 分别是数列 $\langle a_k \rangle_{k \geqslant 0}$ 和 $\langle b_k \rangle_{k \geqslant 0}$ 的生成函数。

[①]生成函数最早由拉普拉斯（Pierre-Simon de la Place (Laplace)，1749–1827，法国数学家、天文学家）在其著作《概率的分析理论》[53]中提出，而生成函数思想源自于欧拉的研究。生成函数及其拓展，如矩母函数（moment generating function），常用于复杂动态系统的分析与优化[54]。

运算 5.1 (生成函数的常系数线性组合) 已知 c_1 和 c_2 是两个常数，则

$$c_1 \mathcal{G}(x) + c_2 \mathcal{F}(x) = \sum_{k \geqslant 0} (c_1 a_k + c_2 b_k) x^k \tag{5.2}$$

为数列 $\langle c_1 a_k + c_2 b_k \rangle_{k \geqslant 0}$ 的生成函数。

运算 5.2 (生成函数的右移) 已知 $m \geqslant 0$，则

$$x^m \mathcal{G}(x) = \sum_{k \geqslant 0} a_k x^{k+m} = \sum_{k=0}^{m-1} 0 \cdot x^k + \sum_{k \geqslant m} a_{k-m} x^k \tag{5.3}$$

为数列 $\langle \underbrace{0, \cdots, 0}_{m\text{个}}, a_0, a_1, a_2, \cdots \rangle$ 的生成函数。

例 5.1 利用生成函数证明二项式系数的递归关系，即 $\forall k \in \{1, 2, \cdots, n\}$：

$$\binom{n+1}{k} = \binom{n}{k} + \binom{n}{k-1}$$

证明： 因为 $(1+x)^n$ 是数列

$$\left\langle \binom{n}{0}, \binom{n}{1}, \binom{n}{2}, \cdots, \binom{n}{n} \right\rangle$$

的生成函数，所以依据运算 5.2 知 $x(1+x)^n$ 是数列

$$\left\langle 0, \binom{n}{0}, \binom{n}{1}, \cdots, \binom{n}{n-1}, \binom{n}{n} \right\rangle$$

的生成函数，依据运算 5.1 知 $x(1+x)^n + (1+x)^n$ 是数列

$$\left\langle 0 + \binom{n}{0}, \binom{n}{0} + \binom{n}{1}, \binom{n}{1} + \binom{n}{2}, \cdots, \binom{n}{n-1} + \binom{n}{n}, \binom{n}{n} + 0 \right\rangle \tag{5.4}$$

的生成函数。而 $x(1+x)^n + (1+x)^n = (1+x)^{n+1}$ 又是

$$\left\langle \binom{n+1}{0}, \binom{n+1}{1}, \binom{n+1}{2}, \cdots, \binom{n+1}{n}, \binom{n+1}{n+1} \right\rangle \tag{5.5}$$

的生成函数, 所以式 (5.4) 与式 (5.5) 相等, 从而得到上述递归关系。

左移 m 项意味着将开始的 m 项删除。

运算 5.3 (生成函数的左移) 已知 $m \geqslant 0$, 则

$$\frac{\mathcal{G}(x) - a_0 - a_1 x - \cdots - a_{m-1} x^{m-1}}{x^m} = \sum_{k \geqslant m} a_k x^{k-m} = \sum_{k \geqslant 0} a_{k+m} x^k \quad (5.6)$$

为数列 $\langle a_m, a_{m+1}, a_{m+2}, \cdots \rangle$ 的生成函数。

运算 5.4 (生成函数的变量替换) 已知常数 c, 则

$$\mathcal{G}(cx) = \sum_{k \geqslant 0} a_k (cx)^k = \sum_{k \geqslant 0} c^k a_k x^k \quad (5.7)$$

为数列 $\langle c^k a_k \rangle_{k \geqslant 0}$ 的生成函数。

在变量替换运算中, $c = -1$ 是常用的一种形式, 例如在证明二项式系数奇偶互等性时就可使用它。微分运算可以将幂次拿下来放到系数中。

运算 5.5 (生成函数的微分)

$$\mathcal{G}'(x) = a_1 + 2a_2 x + 3a_3 x^2 + \cdots = \sum_{k \geqslant 0} (k+1) a_{k+1} x^k \quad (5.8)$$

为数列 $\langle a_1, 2a_2, 3a_3, \cdots \rangle$ 的生成函数。

微分以后继续右移一项则得到更常用的生成函数

$$x \mathcal{G}'(x) = \sum_{k \geqslant 0} k a_k x^k \quad (5.9)$$

对应数列 $\langle 0, a_1, 2a_2, 3a_3, \cdots \rangle$。微分以后继续微分, 可以将幂次形成的多项式放到系数中, 例如,

$$(x \mathcal{G}'(x))' = \mathcal{G}'(x) + x \mathcal{G}''(x) = \sum_{k \geqslant 1} k^2 a_k x^{k-1}$$

就是数列 $\langle a_1, 2^2 a_2, 3^2 a_3, \cdots \rangle$ 的生成函数。

可以使用生成函数证明第2章的第 11 题（习题要求从组合意义上证明），如例5.2所示。

例 5.2 已知 $n \geqslant 0$，利用生成函数证明：

$$\sum_{k=0}^{n} \binom{n}{k} k(k-1) = n(n-1)2^{n-2}$$

证明： 对二项式系数数列的生成函数

$$(1+x)^n = \sum_{k=0}^{n} \binom{n}{k} x^k$$

进行二阶求导则得到

$$n(n-1)(1+x)^{n-2} = \sum_{k=2}^{n} \binom{n}{k} k(k-1) x^{k-2}$$

令 $x = 1$ 则有

$$n(n-1)2^{n-2} = \sum_{k=2}^{n} \binom{n}{k} k(k-1) = \sum_{k=0}^{n} \binom{n}{k} k(k-1)$$

结论得证。

如果希望将幂次的倒数放到系数中，则可以考虑微分的逆运算——积分。

运算 5.6（生成函数的积分）

$$\int_0^x \mathcal{G}(t)\mathrm{d}t = a_0 x + \frac{1}{2}a_1 x^2 + \frac{1}{3}a_2 x^3 + \cdots = \sum_{k \geqslant 1} \frac{1}{k} a_{k-1} x^k \qquad (5.10)$$

可以看作数列 $\langle 0, a_0, \frac{1}{2}a_1, \frac{1}{3}a_2, \cdots \rangle$ 的生成函数。

例 5.3 利用生成函数证明：

$$\sum_{k=0}^{n} \binom{n}{k} \frac{1}{k+1} = \frac{2^{n+1}-1}{n+1}$$

证明： 对二项式系数数列的生成函数进行积分则得到

$$\int_0^x (1+t)^n \mathrm{d}t = \sum_{k=1}^{n+1} \frac{1}{k} \binom{n}{k-1} x^k = \sum_{k=0}^{n} \frac{1}{k+1} \binom{n}{k} x^{k+1}$$

上式左边积分的值为

$$\frac{(1+x)^{n+1} - 1}{n+1}$$

从而令 $x = 1$ 则得到所要证明的结论。

运算 5.7 (生成函数的卷积)

$$\begin{aligned}
\mathcal{G}(x)\mathcal{F}(x) &= (a_0 + a_1 x + a_2 x^2 + \cdots)(b_0 + b_1 x + b_2 x^2 + \cdots) \\
&= a_0 b_0 + (a_0 b_1 + a_1 b_0)x + (a_0 b_2 + a_1 b_1 + a_2 b_0)x^2 + \cdots \\
&= \sum_{k \geqslant 0} \left(\sum_{l=0}^{k} a_l b_{k-l} \right) x^k
\end{aligned} \tag{5.11}$$

是 $\langle a_k \rangle_{k \geqslant 0}$ 与 $\langle b_k \rangle_{k \geqslant 0}$ 的卷积（convolution）的生成函数。

特别地，若 $\mathcal{F}(x) = \frac{1}{1-x} = 1 + x + x^2 + x^3 \cdots$，则

$$\begin{aligned}
\frac{\mathcal{G}(x)}{1-x} &= (a_0 + a_1 x + a_2 x^2 + \cdots)(1 + x + x^2 + \cdots) \\
&= a_0 + (a_0 + a_1)x + (a_0 + a_1 + a_2)x^2 + \cdots \\
&= \sum_{k \geqslant 0} \left(\sum_{l=0}^{k} a_l \right) x^k
\end{aligned} \tag{5.12}$$

例 5.4 利用生成函数证明范德蒙恒等式：

$$\sum_{l=0}^{k} \binom{m}{l} \binom{n}{k-l} = \binom{m+n}{k}$$

证明： 由 $m+1$ 项和 $n+1$ 项的二项式系数数列的生成函数

$$(1+x)^m = \sum_{k=0}^{m} \binom{m}{k} x^k \text{ 和 } (1+x)^n = \sum_{k=0}^{n} \binom{n}{k} x^k$$

的卷积运算可得

$$(1+x)^{m+n} = \sum_{k=0}^{m+n} \left(\sum_{l=0}^{k} \binom{m}{l}\binom{n}{k-l} \right) x^k$$

又因为

$$(1+x)^{m+n} = \sum_{k=0}^{m+n} \binom{m+n}{k} x^k$$

所以就有 $\forall k \in \{0, 1, \cdots, m+n\}$

$$\binom{m+n}{k} = \sum_{l=0}^{k} \binom{m}{l}\binom{n}{k-l}$$

结论得证。

5.2　一些简单的生成函数

表 5.1 列了一些简单的数列及其对应的生成函数，前 8 个在第2章中已经讲过，或者利用相关的展开式做些简单的处理即可得到；对于后面 3 个，利用泰勒公式（Taylor formula）①即可得到。

表 5.1　一些简单的数列及其生成函数

数列	生成函数	收敛区间
$\left\langle \binom{n}{0}, \binom{n}{1}, \binom{n}{2}, \cdots, \binom{n}{n} \right\rangle$	$\sum_{k=0}^{n} \binom{n}{k} x^k = (1+x)^n$	$x \in \mathbb{R}$
$\langle 1, -1, 1, -1, 1, \cdots \rangle$	$\sum_{k \geqslant 0} (-1)^k x^k = \frac{1}{1+x}$	$\lvert x \rvert < 1$
$\langle 1, 1, 1, 1, 1, \cdots \rangle$	$\sum_{k \geqslant 0} x^k = \frac{1}{1-x}$	$\lvert x \rvert < 1$
$\langle 1, c, c^2, c^3, c^4, \cdots \rangle$	$\sum_{k \geqslant 0} c^k x^k = \frac{1}{1-cx}$	$c \neq 0, \lvert cx \rvert < 1$
$\langle 1, 0, 1, 0, 1, \cdots \rangle$	$\sum_{k \geqslant 0} [2\mid k] x^k = \frac{1}{1-x^2}$	$\lvert x \rvert < 1$
$\langle 1, \underbrace{0, \cdots, 0}_{m-1个}, 1, \underbrace{0, \cdots, 0}_{m-1个}, 1, \cdots \rangle$	$\sum_{k \geqslant 0} [m\mid k] x^k = \frac{1}{1-x^m}$	$m \geqslant 1, \lvert x \rvert < 1$
$\langle 1, 2, 3, 4, 5, \cdots \rangle$	$\sum_{k \geqslant 0} (k+1) x^k = \frac{1}{(1-x)^2}$	$\lvert x \rvert < 1$
$\langle 1, \binom{m+1}{m}, \binom{m+2}{m}, \binom{m+3}{m}, \cdots \rangle$	$\sum_{k \geqslant 0} \binom{m+k}{m} x^k = \frac{1}{(1-x)^{m+1}}$	$m \geqslant 0, \lvert x \rvert < 1$
$\langle 0, 1, -\frac{1}{2}, \frac{1}{3}, -\frac{1}{4}, \cdots \rangle$	$\sum_{k \geqslant 1} \frac{(-1)^{k+1}}{k} x^k = \ln(1+x)$	$-1 < x \leqslant 1$
$\langle 0, 1, \frac{1}{2}, \frac{1}{3}, \frac{1}{4}, \cdots \rangle$	$\sum_{k \geqslant 1} \frac{1}{k} x^k = \ln \frac{1}{1-x}$	$-1 \leqslant x < 1$
$\langle 1, 1, \frac{1}{2}, \frac{1}{6}, \frac{1}{24}, \cdots \rangle$	$\sum_{k \geqslant 0} \frac{1}{k!} x^k = e^x$	$x \in \mathbb{R}$

---

① 泰勒公式由英国数学家泰勒（Brook Taylor，1685–1731）发现，将一些复杂的函数逼近为简单的多项式函数[52]。

对于 $\ln \frac{1}{1-x}$，利用卷积运算有

$$\frac{1}{1-x}\ln\frac{1}{1-x} = \sum_{k\geqslant 1}\left(\sum_{l=1}^{k}\frac{1}{l}\right)x^k = \sum_{k\geqslant 0}H(k)x^k \tag{5.13}$$

其中，

$$H(k) \triangleq \sum_{l=1}^{k}\frac{1}{l} \tag{5.14}$$

称为调和数（harmonic numbers），$k \geqslant 0$，规定 $H(0) = 0$，所以，$\frac{1}{1-x}\ln\frac{1}{1-x}$ 为调和数数列 $\langle H(0), H(1), H(2), H(3), \cdots \rangle$ 的生成函数，收敛区间为 $(-1, 1)$。

定理 5.1 $e^x e^y = e^{x+y}$。

证明： 依据 e^x 的泰勒展开式可得

$$
\begin{aligned}
e^x e^y &= \sum_{j=0}^{\infty}\frac{x^j}{j!} \cdot \sum_{l=0}^{\infty}\frac{y^l}{l!} = \sum_{j=0}^{\infty}\sum_{l=0}^{\infty}\frac{1}{j!l!}\left(\frac{y}{x}\right)^l x^{j+l} \\
&= \sum_{n=0}^{\infty}\left(\sum_{k=0}^{n}\frac{1}{k!(n-k)!}\left(\frac{y}{x}\right)^k\right)x^n \\
&= \sum_{n=0}^{\infty}\left(\sum_{k=0}^{n}\frac{n!}{k!(n-k)!}\left(\frac{y}{x}\right)^k\right)\frac{x^n}{n!} \\
&= \sum_{n=0}^{\infty}\left(1+\frac{y}{x}\right)^n\frac{x^n}{n!} = \sum_{n=0}^{\infty}\frac{(x+y)^n}{n!} = e^{x+y}
\end{aligned}
$$

结论得证。

这是一条重要的性质，后面还会用到。由此定理知 $\forall n \geqslant 1$：$(e^x)^n = e^{nx}$。如果把生成函数的基底 x^k 换成 $\frac{x^k}{k!}$，则可以定义数列 $\langle a_k\rangle_{k\geqslant 0}$ 的指数型生成函数（exponential generating function），如下：

$$\widehat{\mathcal{G}}(x) \triangleq \sum_{k\geqslant 0}a_k\frac{x^k}{k!} \tag{5.15}$$

例 5.5 已知 $n \geqslant 1$，求多集 $[\![\infty \cdot a_1, \infty \cdot a_2, \cdots, \infty \cdot a_n]\!]$ 的 k-元排列数数列的指数型生成函数。

解： 依据定理 1.4 知，该多集的 k-元排列数为 n^k，因此，数列 $\langle n^k\rangle_{k\geqslant 0}$ 的指

数型生成函数为

$$\sum_{k \geqslant 0} n^k \frac{x^k}{k!} = \sum_{k \geqslant 0} \frac{(nx)^k}{k!} = e^{nx}$$

求解完毕。

值得注意的是，由定理 5.1 知：

$$e^{nx} = (e^x)^n = \underbrace{\left(1 + x + \frac{x^2}{2!} + \frac{x^3}{3!} + \cdots\right) \cdot \cdots \cdot \left(1 + x + \frac{x^2}{2!} + \frac{x^3}{3!} + \cdots\right)}_{n\text{项}}$$

所以，e^{nx} 的展开式中 x^k 的系数相当于从第 1 项中取 x^{l_1} 的系数、从第 2 项中取 x^{l_2} 的系数、$\cdots$、从第 n 项中取 x^{l_n} 的系数的所有组合情况，即

$$\sum_{\substack{l_1 + l_2 + \cdots + l_n = k \\ l_1 \geqslant 0, l_2 \geqslant 0, \cdots, l_n \geqslant 0}} \frac{1}{l_1! l_2! \cdots l_n!}$$

所以，e^{nx} 的展开式中 $\frac{x^k}{k!}$ 的系数为

$$\sum_{\substack{l_1 + l_2 + \cdots + l_n = k \\ l_1 \geqslant 0, l_2 \geqslant 0, \cdots, l_n \geqslant 0}} \frac{k!}{l_1! l_2! \cdots l_n!}$$

由例 5.5 知，在 e^{nx} 的展开式中，$\frac{x^k}{k!}$ 的系数为 n^k，所以有如下等式：

$$\sum_{\substack{l_1 + l_2 + \cdots + l_n = k \\ l_1 \geqslant 0, l_2 \geqslant 0, \cdots, l_n \geqslant 0}} \frac{k!}{l_1! l_2! \cdots l_n!} = n^k \tag{5.16}$$

不妨令 $n = 2$、$k = 3$，对式 (5.16) 进行检验：

$$3! \left(\frac{1}{3! 0!} + \frac{1}{2! 1!} + \frac{1}{1! 2!} + \frac{1}{0! 3!} \right) = 8 = 2^3$$

完全一致。下一章，还会考虑

$$\sum_{\substack{l_1 + l_2 + \cdots + l_n = k \\ l_1 \geqslant 1, l_2 \geqslant 1, \cdots, l_n \geqslant 1}} \frac{k!}{l_1! l_2! \cdots l_n!}$$

的计算，即求多集的每个元素都必须出现的 k-元排列的数目。

5.3 应用：概率分布的期望与方差

本节考虑取非负整数值的离散型随机变量，利用生成函数能够非常方便地处理其概率、期望与方差。离散型随机变量的数学期望（mathematical expectation），也称作均值（mean），定义为

$$\mathbf{E}(X) \triangleq \sum_{k \geqslant 0} k Pr(X = k) \tag{5.17}$$

是随机变量的输出值乘以其概率的总和，换句话说，期望值是该变量输出值的加权平均。而方差（variance）用来度量随机变量与其数学期望之间的偏离程度，是随机变量与其数学期望之差的平方（看作一个新的随机变量）的数学期望，定义为

$$\mathbf{V}(X) \triangleq \mathbf{E}((X - \mathbf{E}(X))^2) = \mathbf{E}(X^2) - (\mathbf{E}(X))^2 \tag{5.18}$$

例如有种机变骰子（loaded dice），投掷时出现 1 和 2 的概率均为 $\frac{1}{4}$，而出现 3、4、5、6 的概率均为 $\frac{1}{8}$，则投掷 2 颗机变骰子其点数之和（记作随机变量 X）为 2、3、$\cdots$、12 的概率如下：

k	2	3	4	5	6	7	8	9	10	11	12
$Pr(X = k)$	$\frac{4}{64}$	$\frac{8}{64}$	$\frac{8}{64}$	$\frac{8}{64}$	$\frac{9}{64}$	$\frac{10}{64}$	$\frac{7}{64}$	$\frac{4}{64}$	$\frac{3}{64}$	$\frac{2}{64}$	$\frac{1}{64}$

因此，$\mathbf{E}(X) = 6$。X^2 看作一个新的随机变量，其取值及相应的概率如下：

k	4	9	16	25	36	49	64	81	100	121	144
$Pr(X^2 = k)$	$\frac{4}{64}$	$\frac{8}{64}$	$\frac{8}{64}$	$\frac{8}{64}$	$\frac{9}{64}$	$\frac{10}{64}$	$\frac{7}{64}$	$\frac{4}{64}$	$\frac{3}{64}$	$\frac{2}{64}$	$\frac{1}{64}$

因此，$\mathbf{E}(X^2) = 42$，$\mathbf{V}(X) = \mathbf{E}(X^2) - (\mathbf{E}(X))^2 = 6$。

例 5.6（二项分布的数学期望与方差） 已知随机变量 $X \sim \mathcal{B}(n, q)$，求其数学期望与方差。

解：随机变量 X 的数学期望为

$$\mathbf{E}(X) = \sum_{k=0}^{n} k \binom{n}{k} q^k (1-q)^{n-k} = (1-q)^n \sum_{k=0}^{n} k \binom{n}{k} \left(\frac{q}{1-q} \right)^k$$

如何进一步简化上式？可以利用二项式系数数列的生成函数 $(1+x)^n$ 及其微分与

右移运算，即式 (5.9)，得到如下式子：

$$nx(1+x)^{n-1} = \sum_{k=0}^{n} k \binom{n}{k} x^k \tag{5.19}$$

令 $x = \frac{q}{1-q}$，代入式 (5.19) 后得到

$$\sum_{k=0}^{n} k \binom{n}{k} \left(\frac{q}{1-q}\right)^k = \frac{nq}{(1-q)^n}$$

从而求得上述期望值为 $\mathbf{E}(X) = nq$。进一步，计算其方差如下：

$$\mathbf{V}(X) = \mathbf{E}(X^2) - (\mathbf{E}(X))^2 = (1-q)^n \sum_{k=0}^{n} k^2 \binom{n}{k} \left(\frac{q}{1-q}\right)^k - n^2 q^2$$

对式 (5.19) 中的生成函数继续进行微分与右移运算，则得到

$$nx(1+x)^{n-1} + n(n-1)x^2(1+x)^{n-2} = \sum_{k=0}^{n} k^2 \binom{n}{k} x^k \tag{5.20}$$

将 $x = \frac{q}{1-q}$ 代入式 (5.20) 后得到

$$\sum_{k=0}^{n} k^2 \binom{n}{k} \left(\frac{q}{1-q}\right)^k = \frac{n^2 q^2 + nq(1-q)}{(1-q)^n}$$

再将其代入上面求解方差的公式则得到 $\mathbf{V}(X) = nq(1-q)$。

在上述求解过程中，用到了生成函数。事实上，针对取非负整数值的离散型随机变量，可以定义它的概率生成函数（probability generating function）：

$$\widetilde{\mathcal{G}}(x) \triangleq \sum_{k \geqslant 0} Pr(X=k) x^k \tag{5.21}$$

概率生成函数的定义形式与生成函数的定义形式完全一致（基底为 x^k），但为了突出概率和便于区别，在符号 $\mathcal{G}$ 上加了~。因为 $\sum_{k \geqslant 0} Pr(X=k) = 1$，所以 $\widetilde{\mathcal{G}}(1) = 1$。当已知某个随机变量的概率生成函数时，利用该生成函数就非常容易求得其数学期望与方差。首先，针对 X 的数学期望有定理5.2。

定理 5.2(数学期望与概率生成函数的关系)　已知 X 为取非负整数值的离散型随机变量，则

$$\mathbf{E}(X) = \widetilde{\mathcal{G}}'(1) \tag{5.22}$$

证明：因为

$$\widetilde{\mathcal{G}}'(x) = \sum_{k \geqslant 1} Pr(X = k)kx^{k-1}$$

所以

$$\widetilde{\mathcal{G}}'(1) = \sum_{k \geqslant 1} Pr(X = k)kx^{k-1}\Big|_{x=1} = \sum_{k \geqslant 0} kPr(X = k) = \mathbf{E}(X)$$

结论成立。

因为

$$x\widetilde{\mathcal{G}}'(x) = \sum_{k \geqslant 0} Pr(X = k)kx^{k}$$

所以两边求导数就有

$$x\widetilde{\mathcal{G}}''(x) + \widetilde{\mathcal{G}}'(x) = \sum_{k \geqslant 1} Pr(X = k)k^2 x^{k-1}$$

进而求得 X^2 的数学期望

$$\mathbf{E}(X^2) = \sum_{k \geqslant 0} k^2 Pr(X = k) = \sum_{k \geqslant 1} Pr(X = k)k^2 x^{k-1}\Big|_{x=1}$$

$$= \widetilde{\mathcal{G}}''(x)x + \widetilde{\mathcal{G}}'(x)\Big|_{x=1} = \widetilde{\mathcal{G}}''(1) + \widetilde{\mathcal{G}}'(1) \tag{5.23}$$

所以，针对随机变量 X 的方差有定理5.3。

定理 5.3(方差与概率生成函数的关系)   已知 X 为取非负整数值的离散型随机变量，则

$$\mathbf{V}(X) = \mathbf{E}(X^2) - (\mathbf{E}(X))^2 = \widetilde{\mathcal{G}}''(1) + \widetilde{\mathcal{G}}'(1) - (\widetilde{\mathcal{G}}'(1))^2 \tag{5.24}$$

回过头再看二项分布，则其概率生成函数为

$$\sum_{k=0}^{n} \binom{n}{k} q^k (1-q)^{n-k} x^k = (1 - q + qx)^n = \widetilde{\mathcal{G}}(x)$$

进而易求得

$$\widetilde{\mathcal{G}}'(1) = nq(1 - q + qx)^{n-1}\big|_{x=1} = nq$$

$$\widetilde{\mathcal{G}}''(1) = n(n - 1)q^2(1 - q + qx)^{n-2}\big|_{x=1} = n(n - 1)q^2$$

再利用式 (5.22) 和式 (5.24) 就得到 $\mathbf{E}(X) = nq$、$\mathbf{V}(X) = nq(1 - q)$，与例 5.6 中求得的结果一致。

数学期望与方差只是蒂勒[①]定义的无穷个累积量（cumulant）中的前两个。令取非负整数值的离散型随机变量 X 的生成函数为

$$\widetilde{\mathcal{G}}(x) = \sum_{k \geqslant 0} Pr(X = k)x^k$$

将 $x = e^t$ 代入其中，并利用式 (5.16) 就可以得到

$$
\begin{aligned}
\widetilde{\mathcal{G}}(e^t) &= \sum_{k \geqslant 0} Pr(X = k)e^{kt} = \sum_{k \geqslant 0} Pr(X = k)\Big(1 + \frac{t}{1!} + \frac{t^2}{2!} + \frac{t^3}{3!} + \cdots\Big)^k \\
&= \sum_{k \geqslant 0}\bigg(\sum_{n \geqslant 0} Pr(X = n) \sum_{\substack{l_1 + l_2 + \cdots + l_n = k \\ l_1 \geqslant 0, l_2 \geqslant 0, \cdots, l_n \geqslant 0}} \frac{k!}{l_1! l_2! \cdots l_n!}\bigg)\frac{t^k}{k!} \\
&= \sum_{k \geqslant 0}\bigg(\sum_{n \geqslant 0} Pr(X = n)n^k\bigg)\frac{t^k}{k!}
\end{aligned}
\tag{5.25}
$$

当 $k = 1, 2, \cdots$ 时，称

$$\nu_k \triangleq \sum_{n \geqslant 0} Pr(X = n)n^k \tag{5.26}$$

为随机变量 X 的 k–阶矩（the kth moment），即 X^k 的数学期望：$\nu_k = \mathbf{E}(X^k)$。这说明，当 $\widetilde{\mathcal{G}}(x)$ 是随机变量 X 的生成函数时，$\widetilde{\mathcal{G}}(e^t)$ 是随机变量 X 的矩数列的指数型生成函数。

将式 (5.25) 写成如下形式：

$$\widetilde{\mathcal{G}}(e^t) = 1 + \nu_1\frac{t}{1!} + \nu_2\frac{t^2}{2!} + \nu_3\frac{t^3}{3!} + \cdots \tag{5.27}$$

---

① 蒂勒（Thorvald N. Thiele），1838–1910，丹麦天文学家、数学家[55]。

并令

$$
\begin{aligned}
\widetilde{\mathcal{G}}(e^t) &= e^{\kappa_1 \frac{t}{1!} + \kappa_2 \frac{t^2}{2!} + \kappa_3 \frac{t^3}{3!} + \cdots} \\
&= 1 + \frac{\left(\kappa_1 \frac{t}{1!} + \kappa_2 \frac{t^2}{2!} + \cdots\right)}{1!} + \frac{\left(\kappa_1 \frac{t}{1!} + \kappa_2 \frac{t^2}{2!} + \cdots\right)^2}{2!} \\
&\quad + \frac{\left(\kappa_1 \frac{t}{1!} + \kappa_2 \frac{t^2}{2!} + \cdots\right)^3}{3!} + \cdots \\
&= 1 + \kappa_1 \frac{t}{1!} + \left(\kappa_2 + \kappa_1^2\right)\frac{t^2}{2!} + \left(\kappa_3 + 3\kappa_1\kappa_2 + \kappa_1^3\right)\frac{t^3}{3!} \\
&\quad + \left(\kappa_4 + 4\kappa_1\kappa_3 + 3\kappa_2^2 + 6\kappa_1^2\kappa_2 + \kappa_1^4\right)\frac{t^4}{4!} + \cdots
\end{aligned}
\tag{5.28}
$$

由于式 (5.27) 和式 (5.28) 中同一基底的系数对应相等，所以就有：

$$
\kappa_1 = \nu_1 \tag{5.29}
$$

$$
\kappa_2 = \nu_2 - \nu_1^2 \tag{5.30}
$$

$$
\kappa_3 = \nu_3 - 3\nu_1\nu_2 + 2\nu_1^3 \tag{5.31}
$$

$$
\kappa_4 = \nu_4 - 4\nu_1\nu_3 + 12\nu_1^2\nu_2 - 3\nu_2^2 - 6\nu_1^4 \tag{5.32}
$$
$$
\vdots
$$

这些值就称为累积量，它们用矩所表示，而第一个累积量即为随机变量 X 的数学期望，第二个累积量为其方差。

习　　题

1. 利用生成函数证明：

$$
\sum_{k=0}^{n} \binom{n}{k} k(k-1)(-1)^k = 2[n=2]
$$

2. 利用生成函数证明：

$$
\sum_{k=0}^{n} \binom{n}{k} \frac{(-1)^k}{k+1} = \frac{1}{n+1}
$$

3. 已知 $n \geqslant 0$，使用归纳法，基于生成函数的卷积运算和朱世杰恒等式证明：

$$\sum_{k \geqslant 0} \binom{n+k}{n} x^k = \frac{1}{(1-x)^{n+1}}$$

4. 证明：

$$\sum_{k \geqslant 0} \frac{H(k)}{2^k} = \ln 4$$

5. 已知 $n \geqslant 0$，证明：

$$\frac{1}{(1-x)^{n+1}} \ln \frac{1}{1-x} = \sum_{k \geqslant 0} \big(H(n+k) - H(n)\big) \binom{n+k}{k} x^k$$

6. 参考本章介绍的生成函数的几种运算，探讨指数型生成函数的相关运算。

7. 已知两个取非负整数值的离散型随机变量 X 和 Y 的生成函数分别为 $\widetilde{\mathcal{G}}_1(x)$ 和 $\widetilde{\mathcal{G}}_2(x)$。证明：若它们是独立的，则它们的和 $X+Y$ 的生成函数为 $\widetilde{\mathcal{G}}_1(x)$ $\widetilde{\mathcal{G}}_2(x)$。

8. 针对随机变量 $X \sim \mathcal{B}(n, q)$，求其 3-阶矩 ν_3 和累积量 κ_3。

第6章 递归关系

本章介绍常系数线性齐次递归关系的通用求解方法，以及利用生成函数求解递归关系的思路。本章还介绍 4 类特殊的数列：斐波那契数、卡特兰数、斯特林数、调和数，之所以将它们放在这一章，是因为它们都可以用递归关系表达。最后，通过分析快排算法的时间复杂性展示递归关系的应用。

6.1 常系数线性齐次递归关系

第 2 章中已经介绍了一个关于二项式系数的递归关系（性质 2.3），用函数的形式可表述为

$$f(n,k) = \begin{cases} f(n-1,k) + f(n-1,k-1) & n \geqslant 1, \quad k \geqslant 1 \\ 1 & n \geqslant 0, \quad k = 0 \\ [k=0] & n = 0, \quad k \geqslant 0 \end{cases}$$

而更常用的表述形式如下：

$$\begin{cases} f(n,k) = f(n-1,k) + f(n-1,k-1) & n \geqslant 1, \quad k \geqslant 1 \\ f(n,0) = 1 & n \geqslant 0 \\ f(0,k) = [k=0] & k \geqslant 0 \end{cases}$$

很多复杂的计数问题，将其表述为递归关系更易于求解，能起到四两拨千斤的效果，如例 6.1 所示。

例 6.1 传输由字母 a、b、c 构成的长度为 n 的字符串，不允许两个 a 连续出现，问允许传输的长度为 n 的字符串个数是多少？

该问题是可重排列，但限制 aa 出现，如果考虑各种情况直接给出计数，并不容易，而利用递归关系会使求解变得非常直观与简单。令允许传输的长度为 n 的字符串有 $f(n)$ 个。将允许传输的长度为 n 的字符串划分为如下 4 种情况：

（1）最左侧字母为 b，形如 $b \underbrace{\cdots \quad \cdots \quad \cdots}_{n-1}$，此种情况有 $f(n-1)$ 个。

（2）最左侧字母为 c，形如 $c \underbrace{\cdots \quad \cdots \quad \cdots}_{n-1}$，此种情况有 $f(n-1)$ 个。

（3）最左侧的两个字母为 ab，形如 $ab \underbrace{\cdots \quad \cdots \quad \cdots}_{n-2}$，此种情况有 $f(n-2)$ 个。

（4）最左侧的两个字母为 ac，形如 $ac \underbrace{\cdots \quad \cdots \quad \cdots}_{n-2}$，此种情况有 $f(n-2)$ 个。

因此，当 $n \geqslant 3$ 时 $f(n) = 2f(n-1) + 2f(n-2)$。又易知 $f(1) = 3$（对应字符串 a、b、c）和 $f(2) = 8$（对应字符串 ab、ac、ba、bb、bc、ca、cb、cc），所以任意给定一个 n，利用这一递归关系就可以计算出 $f(n)$ 的值，特别地，可以编写一个递归程序来执行该计算任务。当然，更希望根据这一递归关系给出 $f(n)$ 的一个直接的计算公式，这种计算公式通常又比递归程序要快得多。本小节给出一类称作"常系数线性齐次递归关系"的求解方法[①]。

从上述例子可以看出，一个递归关系（recurrence relation）通常包含一组等式，其中包含一个或多个边界值（boundary values），以及一个描述更一般情况的等式（而它的值依赖于更早情况的值）。

定义 6.1 (常系数线性齐次递归关系) 给定正整数 k，若数列

$$\langle f(0), f(1), f(2), \cdots \rangle$$

的任意相邻的 $k+1$ 项都满足关系

$$f(n) = a_1 f(n-1) + a_2 f(n-2) + \cdots + a_k f(n-k) \tag{6.1}$$

则称式 (6.1) 为该数列的 k-阶常系数线性齐次递归关系（homogeneous linear recurrence of order k with constant coefficients）。其中，$n \geqslant k$，a_1、a_2、$\cdots$、a_k 是一组已知的常数，且 $a_k \neq 0$。

为解这样一个递归关系，还要给出 k 个边界值，换句话说，给定 k 个边界值后，对任意的 $n \geqslant k$，$f(n)$ 的值就由这 k 个边界值唯一确定。先考虑式 (6.1) 的通解。首先，构造式 (6.1) 的特征方程（characteristic equation）：

$$x^k - a_1 x^{k-1} - a_2 x^{k-2} - \cdots - a_k = 0 \tag{6.2}$$

在复数域上，式 (6.2) 有 k 个根（允许重根）。

引理 6.1 已知 $q \neq 0$，则 $f(n) = q^n$ 是式 (6.1) 的一个解，当且仅当 q 是式 (6.2) 的一个特征根。

[①] 一些更复杂的递归关系的求解可阅读文献 [56]，而本章的描述参考了文献 [1] 和 [44]。

证明：（充分性）因为 q 是式 (6.2) 的一个特征根，所以

$$q^k - a_1 q^{k-1} - a_2 q^{k-2} - \cdots - a_k = 0$$

上式两边同乘以 q^{n-k}，进而有

$$q^n = a_1 q^{n-1} + a_2 q^{n-2} + \cdots + a_k q^{n-k}$$

显然 $f(n) = q^n$ 满足式 (6.1)，因此 $f(n) = q^n$ 是式 (6.1) 的一个解。

（必要性）由于 $f(n) = q^n$ 是式 (6.1) 的一个解，所以

$$q^n = a_1 q^{n-1} + a_2 q^{n-2} + \cdots + a_k q^{n-k}$$

由于 $q \neq 0$，所以上式两边可以同时除以 q^{n-k}，进而得到

$$q^k - a_1 q^{k-1} - a_2 q^{k-2} - \cdots - a_k = 0$$

所以 q 是式 (6.2) 的一个特征根。

引理 6.2 如果 $f_1(n)$ 和 $f_2(n)$ 是式 (6.1) 的两个解，b_1 和 b_2 是任意的两个常数，则 $b_1 f_1(n) + b_2 f_2(n)$ 也是式 (6.1) 的一个解。

证明： 因为 $f_1(n)$ 与 $f_2(n)$ 均为式 (6.1) 的一个解，所以有

$$
\begin{aligned}
b_1 f_1(n) + b_2 f_2(n) \;&= b_1\Big(a_1 f_1(n-1) + a_2 f_1(n-2) + \cdots + a_k f_1(n-k)\Big) + \\
&\quad\, b_2\Big(a_1 f_2(n-1) + a_2 f_2(n-2) + \cdots + a_k f_2(n-k)\Big) \\
&= a_1\Big(b_1 f_1(n-1) + b_2 f_2(n-1)\Big) + \\
&\quad\, a_2\Big(b_1 f_1(n-2) + b_2 f_2(n-2)\Big) + \\
&\qquad\qquad\qquad \cdots \qquad\qquad\qquad\qquad + \\
&\quad\, a_k\Big(b_1 f_1(n-k) + b_2 f_2(n-k)\Big)
\end{aligned}
$$

令 $f(n) = b_1 f_1(n) + b_2 f_2(n)$，则有

$$f(n) = a_1 f(n-1) + a_2 f(n-2) + \cdots + a_k f(n-k)$$

满足式 (6.1)，所以 $b_1 f_1(n) + b_2 f_2(n)$ 也是式 (6.1) 的一个解。

分两种情况考虑式 (6.1) 的通解：式 (6.2) 没有重根与有重根。

定理 6.1 (无重根通解) 已知式 (6.2) 没有重根，令 q_1、q_2、$\cdots$、q_k 是它的所

有特征根，则

$$f(n) = b_1 q_1^n + b_2 q_2^n + \cdots + b_k q_k^n \tag{6.3}$$

是式 (6.1) 的通解，其中 b_1、b_2、$\cdots$、b_k 代表任意的常数。

证明： 由引理 6.2 知，对任意一组 b_1、b_2、$\cdots$、b_k，$f(n)$ 是式 (6.1) 的一个解，下面证明式 (6.1) 的任意一个解都可以表示成式 (6.3) 的形式。

令 $h(n)$ 是式 (6.1) 的一个解。因为对任意的 $n \geqslant k$，$h(n)$ 的值都由它的前 k 个边界值 $h(0)$、$h(1)$、$\cdots$、$h(k-1)$ 唯一决定，所以，如果能够证明方程组

$$\begin{cases} b_1 & + & b_2 & + & \cdots & + & b_k & = & h(0) \\ b_1 q_1 & + & b_2 q_2 & + & \cdots & + & b_k q_k & = & h(1) \\ \cdots & & & & & & & & \\ b_1 q_1^{k-1} & + & b_2 q_2^{k-1} & + & \cdots & + & b_k q_k^{k-1} & = & h(k-1) \end{cases} \tag{6.4}$$

有唯一解（将 b_1、b_2、$\cdots$、b_k 看作该方程组的未知数），则说明 $h(n)$ 可以表示成式 (6.3) 的形式（稍后作详细的解释，先看有唯一解的证明）。

因为当 q_1、q_2、$\cdots$、q_k 互不相等时，行列式

$$\begin{vmatrix} 1 & 1 & \cdots & 1 \\ q_1 & q_2 & \cdots & q_k \\ \vdots & \vdots & \vdots & \vdots \\ q_1^{k-1} & q_2^{k-1} & \cdots & q_k^{k-1} \end{vmatrix} = \prod_{1 \leqslant j \leqslant l \leqslant k} (q_l - q_j) \neq 0$$

所以式 (6.4) 的系数矩阵的秩为 k，因此该方程组有唯一解。不妨设方程组的唯一解为 b_1'、b_2'、$\cdots$、b_k'，则

$$\begin{cases} b_1' & + & b_2' & + & \cdots & + & b_k' & = & h(0) \\ b_1' q_1 & + & b_2' q_2 & + & \cdots & + & b_k' q_k & = & h(1) \\ \cdots & & & & & & & & \\ b_1' q_1^{k-1} & + & b_2' q_2^{k-1} & + & \cdots & + & b_k' q_k^{k-1} & = & h(k-1) \end{cases} \tag{6.5}$$

又因为 $h(k) = a_1 h(k-1) + a_2 h(k-2) + \cdots + a_k h(0)$，所以将式 (6.5) 中的 $h(k-1)$、$\cdots$、$h(1)$、$h(0)$ 代入其中并整理，得到

$$\begin{aligned} h(k) = {} & b_1'(a_1 q_1^{k-1} + a_2 q_1^{k-2} + \cdots + a_k q_1^0) \\ & + b_2'(a_1 q_2^{k-1} + a_2 q_2^{k-2} + \cdots + a_k q_2^0) \\ & + \cdots \\ & + b_k'(a_1 q_k^{k-1} + a_2 q_k^{k-2} + \cdots + a_k q_k^0) \end{aligned}$$

$$= b_1' q_1^k + b_2' q_2^k + \cdots + b_k' q_k^k$$

进而可得到 $h(k+1) = b_1' q_1^{k+1} + b_2' q_2^{k+1} + \cdots + b_k' q_k^{k+1}$、$h(k+2) = b_1' q_1^{k+2} + b_2' q_2^{k+2} + \cdots + b_k' q_k^{k+2}$、$\cdots$，即 $\forall n \geqslant k$：$h(n) = b_1' q_1^n + b_2' q_2^n + \cdots + b_k' q_k^n$。结论得证。

考察例 6.1 中所得到的递归关系

$$\begin{cases} f(n) = 2f(n-1) + 2f(n-2), & n \geqslant 2 \\ f(1) = 3, \ f(2) = 8 \end{cases}$$

该递归关系的特征方程为 $x^2 - 2x - 2 = 0$，特征根为 $x_1 = 1 + \sqrt{3}$ 和 $x_1 = 1 - \sqrt{3}$。所以通解为 $f(n) = b_1(1+\sqrt{3})^n + b_2(1-\sqrt{3})^n$。为确定 b_1 和 b_2 的值，将两个边界值代入通解则得到

$$\begin{cases} b_1(1+\sqrt{3}) & + & b_2(1-\sqrt{3}) & = & 3 \\ b_1(1+\sqrt{3})^2 & + & b_2(1-\sqrt{3})^2 & = & 8 \end{cases}$$

解之则求得

$$b_1 = \frac{\sqrt{3}+2}{2\sqrt{3}}, \quad b_2 = \frac{\sqrt{3}-2}{2\sqrt{3}}$$

最终则得到

$$f(n) = \frac{\sqrt{3}+2}{2\sqrt{3}}(1+\sqrt{3})^n + \frac{\sqrt{3}-2}{2\sqrt{3}}(1-\sqrt{3})^n, \quad n \geqslant 1$$

下面分析式 (6.2) 有重根的情况，令

$$Q(x) = x^k - a_1 x^{k-1} - a_2 x^{k-2} - \cdots - a_k$$

$$\begin{aligned} Q_n(x) &= x^{n-k} \cdot Q(x) \\ &= x^n - a_1 x^{n-1} - a_2 x^{n-2} - \cdots - a_k x^{n-k} \end{aligned}$$

若 q 是特征方程 $Q(x) = 0$ 的二重根，则 q 也是 $Q_n(x) = 0$ 的二重根，进而可知 q 是 $Q_n'(x) = 0$ 的根，此处 $Q_n'(x)$ 是 $Q_n(x)$ 的导函数，即

$$Q_n'(x) = nx^{n-1} - a_1(n-1)x^{n-2} - a_2(n-2)x^{n-3} - \cdots - a_k(n-k)x^{n-k-1}$$

所以 q 是 $xQ_n'(x) = 0$ 的根，即

$$nq^n - a_1(n-1)q^{n-1} - a_2(n-2)q^{n-2} - \cdots - a_k(n-k)q^{n-k} = 0$$

这意味着 nq^n 也是式 (6.1) 的一个解。总而言之，当 q 是式 (6.2) 的二重根时，q^n、nq^n，以及它们的任意线性组合都是式 (6.1) 的解。

同理，当 q 是特征方程 $Q(x) = 0$ 的三重根时，它就是 $xQ'_n(x) = 0$ 的二重根，进而可知它也是 $x(xQ'_n(x))' = 0$ 的根，从而可知 q^n、nq^n、n^2q^n，以及它们的任意线性组合都是式 (6.1) 的解。更一般地，如果 q 是式 (6.2) 的 l 重根（$1 \leqslant l \leqslant k$），则 q^n、nq^n、$\cdots$、$n^{l-1}q^n$，以及它们的任意线性组合都是式 (6.1) 的解。进而有定理6.2[①]。

定理 6.2 (有重根通解) 令 q_1、q_2、$\cdots$、q_t 是式 (6.2) 的所有不同的特征根，其重数分别为 l_1、l_2、$\cdots$、l_t，则式 (6.1) 的通解为

$$f(n) = \sum_{j=1}^{t} \left(b_{j,1} + b_{j,2}n + \cdots + b_{j,l_j}n^{l_j-1} \right) q_j^n \tag{6.6}$$

其中，$b_{j,1}$、$b_{j,2}$、$\cdots$、b_{j,l_j} 代表任意的常数，$l_1 + l_2 + \cdots + l_t = k$。

证明： 令 $h(n)$ 是式 (6.1) 的一个解。因为对任意的 $n \geqslant k$，$h(n)$ 的值都由它的边界值 $h(0)$、$h(1)$、$\cdots$、$h(k-1)$ 唯一决定，所以，如果能够证明下列方程组有唯一解

$$h(m) = \sum_{j=1}^{t} \left(b_{j,1} + b_{j,2}m + \cdots + b_{j,l_j}m^{l_j-1} \right) q_j^m, \quad m = 0, 1, \cdots, k-1 \tag{6.7}$$

则说明 $h(n)$ 可以表示成式 (6.6) 的形式（类似于定理 6.1 的证明）。

因为式 (6.7) 的系数行列式满足：

$$
\begin{vmatrix}
1 & 0 & \cdots & 0 & \cdots & 1 & 0 & \cdots & 0 \\
q_1 & q_1 & \cdots & q_1 & \cdots & q_t & q_t & \cdots & q_t \\
q_1^2 & q_1^2 \cdot 2 & \cdots & q_1^2 \cdot 2^{l_1-1} & \cdots & q_t^2 & q_t^2 \cdot 2 & \cdots & q_t^2 \cdot 2^{l_t-1} \\
\vdots & \vdots & \vdots & \vdots & \vdots & \vdots & \vdots & \vdots & \vdots \\
q_1^{k-1} & q_1^{k-1}(k-1) & \cdots & q_1^{k-1}(k-1)^{l_1-1} & \cdots & q_t^{k-1} & q_t^{k-1}(k-1) & \cdots & q_t^{k-1}(k-1)^{l_t-1}
\end{vmatrix}
$$
$$
= \left(\prod_{j=1}^{t} (-q_j)^{\binom{l_j}{2}} \right) \left(\prod_{1 \leqslant r < s \leqslant t} (q_s - q_r)^{l_r \cdot l_s} \right)
$$
$$
\neq 0
$$

[①]该结论与证明选自文献 [44]，其他一些证明方法可阅读文献 [57]和 [58]。

所以该方程组有唯一解。

例 6.2　求如下递归关系：

$$\begin{cases} f(n) = f(n-1) + 3f(n-2) - 5f(n-3) + 2f(n-4), & n > 3 \\ f(0) = 1, \ f(1) = -1, \ f(2) = 0, \ f(3) = 1 \end{cases}$$

解：该递归关系的特征方程为 $x^4 - x^3 - 3x^2 + 5x - 2 = 0$，特征根为 $x_1 = x_2 = x_3 = 1$、$x_4 = -2$，所以通解为 $f(n) = (b_1 + b_2 n + b_3 n^2)1^n + b_4(-2)^n$。根据 4 个边界值得如下方程组：

$$\begin{cases} b_1 + b_4 = 1 \\ b_1 + b_2 + b_3 - 2b_4 = -1 \\ b_1 + 2b_2 + 4b_3 + 4b_4 = 0 \\ b_1 + 3b_2 + 9b_3 - 8b_4 = 1 \end{cases}$$

解之得 $b_1 = \frac{8}{9}$、$b_2 = -\frac{8}{3}$、$b_3 = 1$、$b_4 = \frac{1}{9}$，所以有

$$f(n) = \frac{8}{9} - \frac{8}{3}n + n^2 + \frac{1}{9}(-2)^n, \quad n \geqslant 0$$

求解完毕。

6.2　基于生成函数求解递归关系

给定一个递归关系 $f(n)$ 及它的边界值，就唯一确定了数列 $\langle f(n) \rangle_{n \geqslant 0}$，也就对应一个生成函数 $\mathcal{G}(x) = \sum_{n=0}^{\infty} f(n)x^n$。而利用生成函数求解递归关系的思路是反过来：如果能够得到 $\mathcal{G}(x)$ 的表达式，则表达式中 x^n 的系数即为 $f(n)$。利用生成函数求解递归关系的基本步骤为：

步骤 1：令 $\mathcal{G}(x) = \sum_{n=0}^{\infty} f(n)x^n$。

步骤 2：利用 $f(n)$ 的递归关系构造关于 $\mathcal{G}(x)$ 的方程，其中，将 $\mathcal{G}(x)$ 作为整体看作未知数。

步骤 3：基于该方程解出 $\mathcal{G}(x)$。

步骤 4：将 $\mathcal{G}(x)$ 展成 x 的幂级数，则 x^n 的系数即为 $f(n)$。

例 6.3 利用生成函数解递归关系

$$\begin{cases} f(n) = 2f(n-1) + 2f(n-2) & n \geqslant 2 \\ f(0) = 1, \ f(1) = 3 \end{cases}$$

解： 令 $\mathcal{G}(x) = \sum_{n=0}^{\infty} f(n)x^n$，则可以得到

$$\begin{aligned}
\mathcal{G}(x) &= f(0) + f(1)x + \sum_{n=2}^{\infty} f(n)x^n = 1 + 3x + \sum_{n=2}^{\infty} (2f(n-1) + 2f(n-2))x^n \\
&= 1 + 3x + 2x \sum_{n=1}^{\infty} f(n)x^n + 2x^2 \sum_{n=0}^{\infty} f(n)x^n \\
&= 1 + x + 2x\mathcal{G}(x) + 2x^2\mathcal{G}(x)
\end{aligned}$$

所以有

$$\begin{aligned}
\mathcal{G}(x) &= \frac{1+x}{1-2x-2x^2} = \frac{\sqrt{3}+2}{2\sqrt{3}} \cdot \frac{1}{1-(1+\sqrt{3})x} + \frac{\sqrt{3}-2}{2\sqrt{3}} \cdot \frac{1}{1-(1-\sqrt{3})x} \\
&= \frac{\sqrt{3}+2}{2\sqrt{3}} \sum_{n=0}^{\infty} (1+\sqrt{3})^n x^n + \frac{\sqrt{3}-2}{2\sqrt{3}} \sum_{n=0}^{\infty} (1-\sqrt{3})^n x^n
\end{aligned}$$

所以 x^n 的系数为

$$f(n) = \frac{\sqrt{3}+2}{2\sqrt{3}}(1+\sqrt{3})^n + \frac{\sqrt{3}-2}{2\sqrt{3}}(1-\sqrt{3})^n$$

与前面求解的结果一致。

例 6.4 利用生成函数解递归关系

$$\begin{cases} f(n) = 2f(n-1) + 4^{n-1} & n \geqslant 2 \\ f(1) = 3 \end{cases}$$

解： 令 $\mathcal{G}(x) = \sum_{n=1}^{\infty} f(n)x^n$，则可以得到：

$$\begin{aligned}
\mathcal{G}(x) &= f(1)x + \sum_{n=2}^{\infty} f(n)x^n = 3x + \sum_{n=2}^{\infty} (2f(n-1) + 4^{n-1})x^n \\
&= 3x + 2x\mathcal{G}(x) + 4x^2 \sum_{n=0}^{\infty} (4x)^n \\
&= 3x + 2x\mathcal{G}(x) + \frac{4x^2}{1-4x}
\end{aligned}$$

进而可得

$$\mathcal{G}(x) = \frac{3x - 8x^2}{(1 - 2x)(1 - 4x)} = x\left(\frac{1}{1 - 2x} + \frac{2}{1 - 4x}\right) = x\left(\sum_{n=0}^{\infty}(2x)^n + 2\sum_{n=0}^{\infty}(4x)^n\right)$$

所以 x^n 的系数为

$$f(n) = 2^{n-1} + 2 \cdot 4^{n-1} = \frac{2^n + 4^n}{2}$$

求解完毕。

通过以上例子可以看出，得到 $\mathcal{G}(x)$ 的表达式后，关键是将其分解、表示成一些已知的生成函数的形式（譬如表 5.1 中列出的那些），然后再利用这些生成函数的展开式获得所要的 x^n 的系数。

前面这些例子的解的形式，基本都是我们中学所接触过的表达式形式，如多项式或指数等。下面介绍一个值增长更快的递归函数——阿克曼函数①，其定义如下：

$$\mathcal{A}(n,k) = \begin{cases} k + 1 & n = 0, \quad k \geqslant 0 \\ \mathcal{A}(n-1, 1) & n > 0, \quad k = 0 \\ \mathcal{A}(n-1, \mathcal{A}(n, k-1)) & n > 0, \quad k > 0 \end{cases} \tag{6.8}$$

阿克曼函数的部分值如表6.1所示，可以证明，$\forall k \geqslant 0$：$\mathcal{A}(1,k) = k+2$、$\mathcal{A}(2,k) = 2k+3$、$\mathcal{A}(3,k) = 2^{k+3} - 3$，以及 $\mathcal{A}(4,k) = \underbrace{2^{2^{\cdot^{\cdot^{\cdot^2}}}}}_{k+3\text{次}} - 3$，但对于更大的 n 和 k，就不易表达解的形式，如

$$\mathcal{A}(5,1) = \underbrace{2^{2^{\cdot^{\cdot^{\cdot^2}}}}}_{65536\text{次}} - 3 \qquad\qquad \mathcal{A}(5,2) = \underbrace{2^{2^{\cdot^{\cdot^{\cdot^2}}}}}_{\underbrace{2^{2^{\cdot^{\cdot^{\cdot^2}}}}}_{65536\text{次}}\text{次}} - 3$$

表 6.1　阿克曼函数的部分值

$\mathcal{A}(n,k)$ \ k / n	0	1	2	3	4	5	6	7	8	9
0	1	2	3	4	5	6	7	8	9	10
1	2	3	4	5	6	7	8	9	10	11
2	3	5	7	9	11	13	15	17	19	21
3	5	13	29	61	125	253	509	1021	2045	4093
4	13	65533	$2^{65536} - 3$							
5	65533									

①阿克曼函数（Ackermann function），由阿克曼（Wilhelm Ackermann，1896–1962，德国数学家）提出[59]，他给出的是 3 个变量的形式，此处 2 个变量的形式由佩特（Rózsa Péter，原名 Rózsa Politzer，1905–1977，匈牙利数学家）给出[60]。

6.3　斐波那契数及其递归关系

第3章已介绍过斐波那契数列，它可由如下递归关系给出：

$$\begin{cases} F(n) = F(n-1) + F(n-2), & n \geqslant 2 \\ F(0) = 0, \ F(1) = 1 \end{cases} \tag{6.9}$$

这是一个 2–阶常系数线性齐次递归关系，利用前面所讲的求解方法可得

$$F(n) = \frac{1}{\sqrt{5}}\left(\frac{1+\sqrt{5}}{2}\right)^n - \frac{1}{\sqrt{5}}\left(\frac{1-\sqrt{5}}{2}\right)^n, \quad \forall n \in \mathbb{N} \tag{6.10}$$

式 (6.10) 展示了斐波那契数与黄金比（$\frac{1+\sqrt{5}}{2} = \frac{2}{\sqrt{5}-1}$）的关系[①]。除此之外，斐波那契数与二项式系数也密切相关[②]。

定理 6.3（斐波那契数与二项式系数的关系）　已知正整数 n，则

$$F(n) = \sum_{k=0}^{n-1} \binom{(n-1)-k}{k} \tag{6.11}$$

证明：（归纳法）当 $n = 1$ 与 $n = 2$ 时显然成立。假设对 2、$\cdots$、n 的情况成立，考察 $n + 1$ 的情况：

$$\begin{aligned} F(n+1) &= F(n) + F(n-1) \\ &= \binom{n-1}{0} + \binom{n-2}{1} + \cdots + \binom{0}{n-1} \\ &\quad + \binom{n-2}{0} + \cdots + \binom{0}{n-2} \\ &= \binom{n}{0} + \binom{n-1}{1} + \cdots + \binom{1}{n-1} + \binom{0}{n} \end{aligned}$$

与结论相符。

当 $k > n - k - 1$ 时，$\binom{n-k-1}{k} = 0$，所以式 (6.11) 可以简化为

[①] 该关系首先被欧拉发现[61]。

[②] 该关系与欧拉研究的连项式（continuant）密切相关，感兴趣的同学可阅读文献 [1]。

$$F(n) = \sum_{k=0}^{\lfloor \frac{n-1}{2} \rfloor} \binom{(n-1)-k}{k} \tag{6.12}$$

大家比较熟悉且后面会讲到的，是关于正整数的素因子分解。事实上，斐波那契数也可以表示出所有的正整数，更精确地说，每一个正整数都能够唯一地表示为一组不连续的斐波那契数之和，即齐肯多夫定理（Zeckendorf's theorem）[①]。首先，定义 $j \gg k$ 当且仅当 $j \geq k+2$，则有定理6.4。

定理 6.4 (齐肯多夫定理) 任一正整数 n 都被唯一地表示为如下形式：

$$n = F(k_1) + F(k_2) + \cdots + F(k_r), \quad k_1 \gg k_2 \gg \cdots \gg k_r \gg 0 \tag{6.13}$$

证明：（归纳法）对 $n = 1, 2, 3, 4$ 来说，显然有

$$1 = F(2)、2 = F(3)、3 = F(4)、4 = F(4) + F(2)$$

结论成立。当 $n > 4$ 时，假设任何小于 n 的正整数都有形如式 (6.13) 的唯一表示，下证对 n 也成立。若 n 自身就是一个斐波那契数，则结论成立。若 n 不是一个斐波那契数，则存在唯一的 k 满足 $F(k) < n < F(k+1)$，因此有如下关系式：

$$0 < n - F(k) < n \tag{6.14}$$

且

$$n - F(k) < F(k+1) - F(k) = F(k-1) \tag{6.15}$$

依据假设及式 (6.14) 可知，$n - F(k)$ 可以表示为一组不连续的斐波那契数之和，不妨令

$$n - F(k) = F(k_1) + F(k_2) + \cdots + F(k_r), \quad k_1 \gg k_2 \gg \cdots \gg k_r \gg 0$$

再依据式 (6.15) 可知，$F(k_1) < F(k-1) < F(k)$。因此 $k - k_1 \geq 2$，即 $k \gg k_1$。所以有

$$n = F(k) + F(k_1) + F(k_2) + \cdots + F(k_r), \quad k \gg k_1 \gg k_2 \gg \cdots \gg k_r \gg 0$$

即结论对 n 也成立。

[①]齐肯多夫（Édouard Zeckendorf），1901–1983，比利时医生、初等数论学家，齐肯多夫定理是其著名的成果[1, 62, 63]。

6.4 卡特兰数及其递归关系

第1章的习题 6 已经涉及卡特兰数（Catalan numbers）[①]，即在格子路径中从原点 $(0,0)$ 出发不穿过对角线且始终沿着 x 轴和 y 轴方向到达点 (n,n) 的路径数。图 6.1 清晰地展示了到达点 $(5,5)$ 以及前面各点的满足要求的路径数。

卡特兰数的计数公式为

$$C(n) \triangleq \frac{1}{n+1}\binom{2n}{n} \tag{6.16}$$

其中，$n = 0, 1, 2, \cdots$。该计数公式允许 $n = 0$ 的情况，值为 1，与格子路径问题中原点到原点的路径数为 1 也相符。表 6.2 列出了前 11 个卡特兰数。下面介绍欧拉研究的凸多边形三角剖分问题。

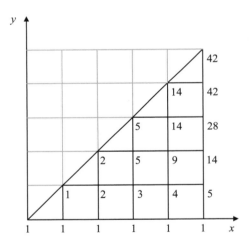

图 6.1 格子路径中不穿过对角线的路径数

表 6.2 卡特兰数列

n	0	1	2	3	4	5	6	7	8	9	10	$\cdots$
$C(n)$	1	1	2	5	14	42	132	429	1430	4862	16796	$\cdots$

例 6.5（凸多边形三角剖分） 在一个凸 n 边形中，通过插入内部不相交的对

[①] 卡特兰数最早被我国清代数学家明安图（约 1692–1763）在 18 世纪 30 年代使用并给出前数十项[64]；稍晚（约 1751 年），欧拉在研究凸多边形三角剖分的个数问题时给出了计数公式与生成函数[65]，并向塞格纳（Johann A. von Segner，斯洛伐克数学家）提出该问题，塞格纳在 1758 年给出了该问题的递归关系[66]，即本节介绍的这两个递归关系；卡特兰（Eugene C. Catalan，1814–1894，比利时数学家）在研究习题 7 中的问题时也给出了这一计数公式[67]。

角线将其剖分成三角形, 问有多少种不同的剖分法?

解: 对一个凸 n 边形只需引入 $n-3$ 条不相交的对角线就完成三角剖分, 并形成 $n-2$ 个三角形。如图 6.2 所示, 对凸 5 边形来说, 共有 5 种不同的剖分法。

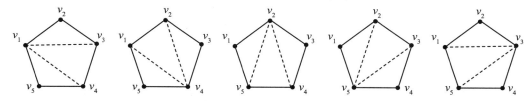

图 6.2 凸 5 边形的 5 种不同的三角剖分

令 $f(n)$ 表示对一个凸 $n+2$ 边形进行三角剖分的方法数, 显然 $f(1)=1$、$f(2)=2$、$f(3)=5$。当 $n>3$ 时, 考虑一个凸 $n+2$ 边形, 如图 6.3 (a) 所示, 顶点记为 v_1、v_2、$\cdots$、v_{n+2}。固定多边形的一条边 $\{v_1, v_{n+2}\}$, 任取多边形的一个顶点 v_{k+1}, $k \in \{1, 2, \cdots, n\}$, 连接 v_{k+1} 和 v_1、v_{k+1} 和 v_{n+2}, 形成三角形 $\triangle$ $v_1 v_{k+1} v_{n+2}$。该三角形将该凸 $n+2$ 边形划分为 3 部分, 除该三角形外, 另外两部分记为 A_1 和 A_2, 如图 6.3 (a) 所示。A_1 部分是一个凸 $k+1$ 边形, A_2 部分是一个凸 $n-k+2$ 边形。因此, A_1 部分有 $f(k-1)$ 种剖分方法, A_2 部分有 $f(n-k)$ 种剖分方法。注: 当 $k=1$ 时, A_1 部分为空 (凸 2 边形), 为了使用乘法原则, 令 $f(0)=1$, 对 $k=n$ 同样理解。因此, 利用乘法原则就有 (**卡特兰数的递归关系**)

$$f(n) = \sum_{k=1}^{n} f(k-1)f(n-k) \tag{6.17}$$

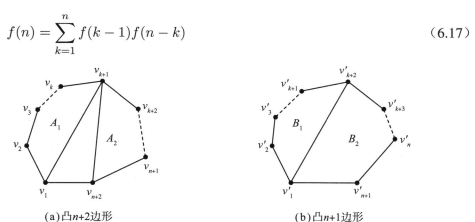

(a) 凸 $n+2$ 边形   (b) 凸 $n+1$ 边形

图 6.3 凸多边形三角剖分数求解示意图

式 (6.17) 不是常系数线性齐次的, 不能用前面所讲的方法求解。赛格纳除了给出上述递归关系外, 又给出了求解该问题的另一个递归关系, 从而利用同一问题的两个不同的递归关系表达式来解该递归关系。

另一递归关系是利用对角线将凸多边形进行划分, 此时考虑凸 $n+1$ 边形, 如图 6.3 (b) 所示。将该凸 $n+1$ 边形的顶点记为 v_1'、v_2'、$\cdots$、v_{n+1}'。固定顶点

v_1'，任取另一顶点 v_{k+2}'，$k \in \{1, 2, \cdots, n-2\}$，连接 v_1' 和 v_{k+2}'，则将多边形划分为两部分，分别记为 B_1 和 B_2。B_1 部分是一个凸 $k+2$ 边形，B_2 部分是一个凸 $n-k+1$ 边形。因此，B_1 部分有 $f(k)$ 种剖分方法，B_2 部分有 $f(n-k-1)$ 种剖分方法，从而由乘法原则知从顶点 v_1' 引出的对角线共形成的剖分数为

$$\sum_{k=1}^{n-2} f(k)f(n-k-1)$$

除了需要考虑从 v_1' 引出对角线的情况外，还要考虑其他点，因此有如下计数公式：

$$(n+1)\sum_{k=1}^{n-2} f(k)f(n-k-1) \tag{6.18}$$

但是，式 (6.18) 中有重复计数：一方面，同一条对角线由于其关联的两个顶点都被考虑了一次，所以式 (6.18) 应当除以 2；另一方面，给定该凸 $n+1$ 边形的一种剖分，它都被重复考虑了 $n-2$ 次（因为一个剖分需要 $n-2$ 条边，而每条边作为上述划分的对角线时该剖分均被统计了一次），所以式 (6.18) 还应当再除以 $n-2$。最终则得到

$$f(n-1) = \frac{n+1}{2(n-2)}\sum_{k=1}^{n-2} f(k)f(n-k-1) \tag{6.19}$$

由式 (6.19) 可得

$$\sum_{k=1}^{n-2} f(k)f(n-k-1) = \frac{2(n-2)}{n+1}f(n-1) \tag{6.20}$$

接下来，对第一个递归关系，即式 (6.17)，稍作变动——将 $k=1$ 与 $k=n$ 的项移到左边，则可得到

$$f(n) - 2f(0)f(n-1) = \sum_{k=2}^{n-1} f(k-1)f(n-k) = \sum_{k=1}^{n-2} f(k)f(n-k-1) \tag{6.21}$$

由式 (6.20) 和式 (6.21) 可得到

$$f(n) - 2f(0)f(n-1) = \frac{2(n-2)}{n+1}f(n-1)$$

对上式稍作整理就可得到

$$(n+1)f(n) = (4n-2)f(n-1) = \frac{4n-2}{n}nf(n-1)$$

令 $h(n) = (n+1)f(n)$，则 $h(1) = 2f(1) = 2$，且

$$
\begin{aligned}
h(n) &= \frac{4n-2}{n}h(n-1) = \frac{2n}{n} \cdot \frac{2n-1}{n} \cdot h(n-1) \\
&= \frac{2n}{n} \cdot \frac{2n-1}{n} \cdot \frac{2n-2}{n-1} \cdot \frac{2n-3}{n-1} \cdot h(n-2) \\
&= \cdots = \frac{2n}{n} \cdot \frac{2n-1}{n} \cdot \frac{2n-2}{n-1} \cdot \frac{2n-3}{n-1} \cdots \frac{2\cdot 2}{2} \cdot \frac{2\cdot 2-1}{2} \cdot h(1) \\
&= \binom{2n}{n}
\end{aligned}
$$

所以

$$f(n) = \frac{1}{n+1}\binom{2n}{n}$$

因此，凸多边形的三角剖分数即为卡特兰数，卡特兰数的递归关系式通常表示为式 (6.17) 的形式，或将其中的 $f(n)$ 用 $C(n)$ 替代。

6.5　斯特林数及其递归关系

本小节先介绍第二类斯特林数（Stirling numbers of the second kind），再介绍第一类斯特林数（Stirling numbers of the first kind）[1]。

第二类斯特林数的计数公式如下：

$$\begin{Bmatrix} n \\ k \end{Bmatrix} \triangleq \frac{1}{k!}\sum_{j=0}^{k}(-1)^j\binom{k}{j}(k-j)^n \tag{6.22}$$

其中，$n \geqslant k \geqslant 0$。表 6.3 列出了第二类斯特林数三角形的部分值。

事实上，第二类斯特林数（不考虑 $n = k = 0$ 的情况）就是将一个 n–元集合划分为 k 个非空子集的方案数。例如 3–元集合 $\{a,b,c\}$，将其划分为 1 个非空子集，只有它自身，所以方案数为 1；将其划分为 2 个非空子集，共有 3 种方案：

---

①斯特林数由英国数学家斯特林（James Stirling，1692–1770）提出[68]，后被丹麦数学家尼尔森（Niels Nielsen，1865–1931）名命并将其分为两类[69]。$\begin{bmatrix} n \\ k \end{bmatrix}$、$\begin{Bmatrix} n \\ k \end{Bmatrix}$ 是较通用的表示第一、二类斯特林数的符号，该符号最初由马克斯（Imanuel Marx，美国普渡大学教授）使用[70]，后被克努特稍作修改并推荐使用[15]。关于斯特林数的更多性质可阅读文献 [1]、[15]、[17]、[71]。

$\{a\} \cup \{b, c\}$、$\{a, b\} \cup \{c\}$、$\{a, c\} \cup \{b\}$；将其划分为 3 个非空子集，共有 1 种方案：$\{a\} \cup \{b\} \cup \{c\}$；这些均符合式 (6.22) 所对应的值。下面先给出 n–元集合划分为 k 个非空子集的方案数的递归关系，再证明第二类斯特林数的计数公式即为该递归关系的解。

表 6.3 第二类斯特林数三角形

$\genfrac{\{}{\}}{0pt}{}{n}{k}$ \ k n	0	1	2	3	4	5	6	$\cdots$
0	1							
1	0	1						
2	0	1	1					
3	0	1	3	1				
4	0	1	7	6	1			
5	0	1	15	25	10	1		
6	0	1	31	90	65	15	1	
$\vdots$	$\vdots$	$\vdots$	$\vdots$	$\vdots$	$\vdots$	$\vdots$	$\vdots$	

定理 6.5 (n–元集合划分为 k 个非空子集的方案数的递归关系) 令 $f(n, k)$ 表示 n–元集合划分为 k 个非空子集的方案数，则有如下递归关系：

$$
\begin{cases}
f(n, k) = f(n-1, k-1) + kf(n-1, k), & n \geqslant k, \quad k \geqslant 2 \\
f(n, 0) = 0, & n \geqslant 1, \quad k = 0 \\
f(n, 1) = 1, & n \geqslant 1, \quad k = 1
\end{cases}
\tag{6.23}
$$

证明：当 $n \geqslant 1$ 时，$f(n, 0) = 0$、$f(n, 1) = 1$ 是显然的，下面考虑 $n \geqslant k \geqslant 2$ 的情况。n–元集合划分为 k 个非空子集，可以考虑如下两种情况：固定一个元素，在任一划分中要么该元素单独构成一个子集，要么该元素与其他元素构成一个子集。因此，针对前者，等价于考虑将其他 $n-1$ 个元素构成的集合划分为 $k-1$ 个非空子集，方案数为 $f(n-1, k-1)$；针对后者，等价于考虑将其他 $n-1$ 个元素构成的集合划分为 k 个非空子集——方案数为 $f(n-1, k)$，然后再将该元素放入某个子集中，所以共有 $kf(n-1, k)$ 种方案。由加法原则得：$f(n, k) = f(n-1, k-1) + kf(n-1, k)$。

下面证明式 (6.23) 的解即为式 (6.22)。

这是一个有两个变量的递归关系，直接求解并不容易，下面介绍一种求解方法，用到第1章中关于多集上的排列数，即定理 1.7，该结论说：已知多集 $M = [\![\infty \cdot a_1, \infty \cdot a_2, \cdots, \infty \cdot a_k]\!]$，则每个元素都至少出现一次的 n–元排列数为

$$
\sum_{\substack{l_1 + l_2 + \cdots + l_k = n \\ l_1 \geqslant 1, l_2 \geqslant 1, \cdots, l_k \geqslant 1}} \frac{n!}{l_1! l_2! \cdots l_k!}
\tag{6.24}
$$

首先展示上述划分问题与多集上的这个带约束的排列问题的关系，然后再对这个排列数的计数公式进一步细化。为便于叙述，将一个集合划分为 k 个非空集合称作该集合的一个 k–分划。

令 $S = \{1, 2, \cdots, n\}$ 是一个 n–元集合，给定它的一个 k–分划，用 S_1、S_2、$\cdots$、S_k 为这 k 个子集命名，则有 $k!$ 种不同的命名方式。下面建立多集 $M = [\![\infty \cdot a_1, \infty \cdot a_2, \cdots, \infty \cdot a_k]\!]$ 的每个 a_j（$1 \leqslant j \leqslant k$）与给定的一个 k–分划的一种命名方式间的对应关系。将 S 的这 n 个元素看作排列的位置。若 $l \in S$ 被分到 S_j 中（$1 \leqslant j \leqslant k$），则位置 l 处放 a_j，如此则构造了一个 n–元排列。因为 $S_j \neq \emptyset$，所以每个 a_j 都会在这个排列中出现一次。因为一个 k–分划有 $k!$ 种不同的命名方式，所以对应 $k!$ 个不同的排列。

例如，考虑多集 $M = [\![\infty \cdot a_1, \infty \cdot a_2, \infty \cdot a_3]\!]$ 的每个元素都至少出现一次的 4–元排列，则给定集合 $\{1, 2, 3, 4\}$ 的一个 3–分划：$\{1, 3\}$、$\{2\}$、$\{4\}$，就有 6 种命名方式，而每种命名方式都对应一个 4–元排列，如下：

（1）$S_1 = \{1, 3\}$、$S_2 = \{2\}$、$S_3 = \{4\}$，对应排列 $a_1 a_2 a_1 a_3$。

（2）$S_1 = \{1, 3\}$、$S_2 = \{4\}$、$S_3 = \{2\}$，对应排列 $a_1 a_3 a_1 a_2$。

（3）$S_1 = \{2\}$、$S_2 = \{1, 3\}$、$S_3 = \{4\}$，对应排列 $a_2 a_1 a_2 a_3$。

（4）$S_1 = \{2\}$、$S_2 = \{4\}$、$S_3 = \{1, 3\}$，对应排列 $a_3 a_1 a_3 a_2$。

（5）$S_1 = \{4\}$、$S_2 = \{1, 3\}$、$S_3 = \{2\}$，对应排列 $a_2 a_3 a_2 a_1$。

（6）$S_1 = \{4\}$、$S_2 = \{2\}$、$S_3 = \{1, 3\}$，对应排列 $a_3 a_2 a_3 a_1$。

反之，给定一个每个元素都至少出现一次的 n–元排列，它都对应一个 k–分划的一种命名方式。例如，排列 $a_3 a_1 a_1 a_2$，因为 a_1 对应 S_1、a_2 对应 S_2、a_3 对应 S_3，并且 a_1 出现在位置 2 和 3 上，a_2 出现在位置 4 上、a_3 出现在位置 1 上，所以 $S_1 = \{2, 3\}$、$S_2 = \{4\}$、$S_3 = \{1\}$，恰为划分 $\{1\} \cup \{2, 3\} \cup \{4\}$ 的一种命名方式。

由以上分析可得定理6.6。

定理 6.6 式 (6.23) 的解为

$$f(n, k) = \frac{1}{k!} \sum_{\substack{l_1 + l_2 + \cdots + l_k = n \\ l_1 \geqslant 1, l_2 \geqslant 1, \cdots, l_k \geqslant 1}} \frac{n!}{l_1! l_2! \cdots l_k!} \tag{6.25}$$

$\sum \frac{n!}{l_1! l_2! \cdots l_k!}$ 是多项式系数和的形式，下面将其转化为二项式系数相关的形式。

引理 6.3 已知 $k \geqslant 1$，则

$$\left(\frac{x}{1!} + \frac{x^2}{2!} + \frac{x^3}{3!} + \cdots\right)^k = \sum_{n \geqslant k} \left(\sum_{\substack{l_1+l_2+\cdots+l_k=n \\ l_1 \geqslant 1, l_2 \geqslant 1, \cdots, l_k \geqslant 1}} \frac{n!}{l_1! l_2! \cdots l_k!}\right) \frac{x^n}{n!} \quad （6.26）$$

证明：

$$\underbrace{\left(\frac{x}{1!} + \frac{x^2}{2!} + \frac{x^3}{3!} + \cdots\right) \cdot \quad \cdots \quad \cdot \left(\frac{x}{1!} + \frac{x^2}{2!} + \frac{x^3}{3!} + \cdots\right)}_{k \text{项}}$$

的展开式中 x^n 的系数相当于从第 1 项中取 x^{l_1} 的系数、从第 2 项中取 x^{l_2} 的系数、$\cdots$、从第 k 项中取 x^{l_k} 的系数的所有组合情况，并且要满足：

$$l_1 + l_2 + \cdots + l_k = n \wedge l_1 \geqslant 1 \wedge l_2 \geqslant 1 \wedge \cdots \wedge l_k \geqslant 1$$

所以，x^n 的系数为

$$\sum_{\substack{l_1+l_2+\cdots+l_k=n \\ l_1 \geqslant 1, l_2 \geqslant 1, \cdots, l_k \geqslant 1}} \frac{1}{l_1! l_2! \cdots l_k!}$$

$\frac{x^n}{n!}$ 的系数为

$$\sum_{\substack{l_1+l_2+\cdots+l_k=n \\ l_1 \geqslant 1, l_2 \geqslant 1, \cdots, l_k \geqslant 1}} \frac{n!}{l_1! l_2! \cdots l_k!}$$

结论成立。

由引理 6.3 可知，多集 $M = [\![\infty \cdot a_1, \infty \cdot a_2, \cdots, \infty \cdot a_k]\!]$ 的每个元素都至少出现一次的 n-元排列的数目即为 $\left(\frac{x}{1!} + \frac{x^2}{2!} + \frac{x^3}{3!} + \cdots\right)^k$ 的展开式中 $\frac{x^n}{n!}$ 的系数，而该系数可以用二项式系数表达。首先，由定理 5.1、定理 2.1（二项式定理），以及性质 2.13（划分超限性）可得

$$\left(\frac{x}{1!} + \frac{x^2}{2!} + \frac{x^3}{3!} + \cdots\right)^k = \left(e^x - 1\right)^k = \sum_{j=0}^{k} (-1)^j \binom{k}{j} e^{(k-j)x}$$

$$= \sum_{j=0}^{k} (-1)^j \binom{k}{j} \sum_{n=0}^{\infty} \frac{(k-j)^n x^n}{n!}$$

$$= \sum_{n=0}^{\infty} \left(\sum_{j=0}^{k} (-1)^j \binom{k}{j} (k-j)^n\right) \frac{x^n}{n!}$$

$$= \sum_{n \geqslant k} \left(\sum_{j=0}^{k} (-1)^j \binom{k}{j} (k-j)^n \right) \frac{x^n}{n!}$$

基于上式，再由定理 1.7、定理 6.6、引理 6.3 就得到推论6.1和推论6.2。

推论 6.1 已知多集 $M = [\![\infty \cdot a_1, \infty \cdot a_2, \cdots, \infty \cdot a_k]\!]$，则每个元素都至少出现一次的 n–元排列数为

$$\sum_{\substack{l_1+l_2+\cdots+l_k=n \\ l_1 \geqslant 1, l_2 \geqslant 1, \cdots, l_k \geqslant 1}} \frac{n!}{l_1! l_2! \cdots l_k!} = \sum_{j=0}^{k} (-1)^j \binom{k}{j} (k-j)^n \tag{6.27}$$

推论 6.2 式 (6.23) 的解为

$$f(n, k) = \frac{1}{k!} \sum_{j=0}^{k} (-1)^j \binom{k}{j} (k-j)^n \tag{6.28}$$

依据式 (6.28) 可以求得：当 $n > 0$ 时 $f(n, 0) = 0$、当 $n \geqslant k = 1$ 时 $f(n, 1) = 1$，与式 (6.23) 的边界值一致；而 $f(0, 0) = 1 = \left\{ {0 \atop 0} \right\}$，因此此式 (6.23) 中可以规定 $f(0, 0) = 1$。因此，式 (6.23) 即为第二类斯特林数的递归关系，可用定理6.7中的形式化符号表示。

定理 6.7 (第二类斯特林数的递归关系) 已知 $n \geqslant k \geqslant 0$，则

$$\left\{ {n \atop k} \right\} = k \left\{ {n-1 \atop k} \right\} + \left\{ {n-1 \atop k-1} \right\}, \quad n \geqslant k > 0; \quad \left\{ {n \atop 0} \right\} = [n = 0] \tag{6.29}$$

另外，n–元集合划分为 n 个非空子集的划分只有一种，即每个元素单独构成一个子集，因此有

$$1 = \left\{ {n \atop n} \right\} = \frac{1}{n!} \sum_{j=0}^{n} (-1)^j \binom{n}{j} (n-j)^n$$

进而得到定理6.8。

定理 6.8 (集合上的全排列数与二项式系数的关系) 已知 $n \in \mathbb{N}$，则

$$n! = \sum_{j=0}^{n} (-1)^j \binom{n}{j} (n-j)^n \tag{6.30}$$

利用其他方式证明式 (6.30)，留作课下作业。下面介绍第一类斯特林数。

第一类斯特林数是由 n 个不同元素构成 k 个圆排列的所有方式的数目，通常记作 $\begin{bmatrix} n \\ k \end{bmatrix}$，$n \geqslant k \geqslant 1$。图 6.4 展示了由 1、2、3、4 构成 2 个圆排列的 11 种方式，所以 $\begin{bmatrix} 4 \\ 2 \end{bmatrix} = 11$。考虑两种特殊情况：由 n 个不同元素构成 1 个圆排列的所有方式的数目，即为 n-元圆排列数，由定理 1.2 知 $\begin{bmatrix} n \\ 1 \end{bmatrix} = (n-1)!$；由 n 个不同元素构成 n 个圆排列的所有方式的数目，显然为每个元素单独构成一个圆排列，只有一种方式，所以 $\begin{bmatrix} n \\ n \end{bmatrix} = 1$。一般情况，固定一个元素，其余的 $n-1$ 个元素要么构成 $k-1$ 个圆排列，要么构成 k 个圆排列。对前者来说，固定的这个元素自身构成一个圆排列，随之则构成 k 个圆排列；对后者来说，将固定的这个元素插入到已构成的 k 个圆排列的任一位置（共 $n-1$ 个位置）都仍然是一个圆排列。因此，得到定理6.9。

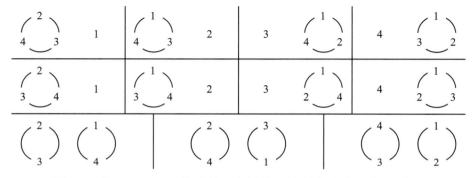

图 6.4 由 1、2、3、4 构成的 2 个圆排列的所有方式（共 11 种）

定理 6.9 (第一类斯特林数的递归关系) 已知 $n \geqslant k \geqslant 1$，则

$$\begin{bmatrix} n \\ k \end{bmatrix} = \begin{bmatrix} n-1 \\ k-1 \end{bmatrix} + (n-1) \begin{bmatrix} n-1 \\ k \end{bmatrix}, \quad n \geqslant k > 1 \tag{6.31}$$

其中，$\forall n \geqslant 1$：$\begin{bmatrix} n \\ 1 \end{bmatrix} = (n-1)!$ 且 $\begin{bmatrix} n \\ n \end{bmatrix} = 1$。

事实上，如果令 $\begin{bmatrix} n \\ 0 \end{bmatrix} = [n = 0]$ 是新的边界值，则利用这个新的边界值所求得的每一个 $\begin{bmatrix} n \\ 1 \end{bmatrix}$ 和定理中规定的 $\begin{bmatrix} n \\ 1 \end{bmatrix}$ 完全一致。表 6.4 列出了部分第一类斯特林数。

已知 1、2、$\cdots$、n，它的一个置换（permutation）就对应它的一组圆排列[①]，反之亦然。考察下面这个置换：

$$\begin{pmatrix} 1 & 2 & 3 & 4 & 5 & 6 & 7 & 8 & 9 \\ 6 & 2 & 4 & 8 & 3 & 9 & 1 & 5 & 7 \end{pmatrix}$$

[①] 一个置换即为这一组数的一个全排列，可以看作从基排列 $123\cdots n$ 到该排列的一个映射。该结论在第8章还要讲。

表 6.4 第一类斯特林数三角形

$\genfrac{[}{]}{0pt}{}{n}{k}$ $\diagdown$ k n	0	1	2	3	4	5	6	$\cdots$
0	1							
1	0	1						
2	0	1	1					
3	0	2	3	1				
4	0	6	11	6	1			
5	0	24	50	35	10	1		
6	0	120	274	225	85	15	1	
$\vdots$	$\vdots$	$\vdots$	$\vdots$	$\vdots$	$\vdots$	$\vdots$	$\vdots$	$\vdots$

它对应 3 个圆排列：1–6–9–7、2、3–4–8–5。圆排列 1–6–9–7，意味着 1 置换为 6、6 置换为 9、9 置换为 7、7 置换为 1。因此，1、2、$\cdots$、n 的所有置换与由它们构成的 k 个圆排列的所有方式（$k = 1, 2, \cdots, n$）一一对应。因此得到定理6.10。

定理 6.10 (集合上的全排列数与第一类斯特林数的关系) 已知 $n \geqslant 1$，则

$$n! = \sum_{k=1}^{n} \begin{bmatrix} n \\ k \end{bmatrix} \tag{6.32}$$

6.6 调和数及其递归关系

第5章已经定义了调和数并给出了调和数数列的生成函数。很明显，调和数有如下递归形式：

$$\begin{cases} H(n) = H(n-1) + \frac{1}{n} & n \geqslant 1 \\ H(0) = 0 \end{cases} \tag{6.33}$$

定理 6.11 (调和数界值定理) 已知 $n > 1$，则

$$\ln n < H(n) < \ln n + 1 \tag{6.34}$$

证明： 曲线 $y = \frac{1}{x}$ 与 x 轴围成的从 1 到 n 的面积为 $\int_1^n \frac{1}{x} \mathrm{d}x = \ln n$，小于图 6.5（a）中的 $n-1$ 个矩形框的面积之和，而这 $n-1$ 个矩形框的面积之和恰好为 $\sum_{k=1}^{n-1} \frac{1}{k} = H(n) - \frac{1}{n}$，所以，$\ln n < H(n) - \frac{1}{n} < H(n)$。同时，曲线与 x 轴围成的从 1 到 n 的这块面积又大于图 6.5（b）中的 $n-1$ 个矩形框的面积之和，而这 $n-1$ 个矩形框的面积之和恰好为 $\sum_{k=2}^{n} \frac{1}{k} = H(n) - 1$，所以，$\ln n > H(n) - 1$。

由上述证明可知，$\frac{1}{n} < H(n) - \ln n < 1$，即 $H(n) - \ln n$ 有界。利用不等式

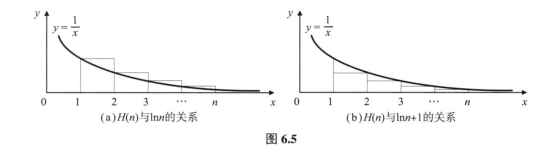

图 6.5

$$\ln(1 + x) < x, \ \forall x \in (-1, 0) \cup (0, \infty)$$

可知

$$\left(H(n) - \ln n\right) - \left(H(n+1) - \ln(n+1)\right) = -\ln\left(1 - \frac{1}{n+1}\right) - \frac{1}{n+1} > 0$$

所以，$H(n) - \ln n$ 单调递减。因此，当 $n \to \infty$ 时，$H(n) - \ln n$ 收敛，所收敛到的值被称为欧拉常数 γ[①]：

$$\gamma = \lim_{n \to \infty} (H(n) - \ln n) = 0.5772156649...$$

6.7 应用：快速排序

快速排序（quick sort）算法是一种非常有效的排序算法[②]，其基本思想是：通过一趟排序将数据分割为左右两部分，左边数据中所有元素都比右边的小，然后对左右两组数据继续进行排序，直到整个数据有序。算法 6.1 描述了快速排序的执行过程。令 ARRAY[1]、ARRAY[2]、$\cdots$、ARRAY[n] 是待排序的数组。由于数组中元素移动的次数少于数组元素比较的次数，所以这里只分析元素比较的平均次数。

令 $f(n)$ 表示对 n 个数用快速排序算法排序的平均比较次数，显然，算法 6.1 对 n 个数分割为两部分需要比较 $n - 1$ 次。分割后左右两组数的个数为 k 和 $n - k - 1$，$k = 0, 1, \cdots, n - 1$，而出现每种情况均按等概率来算（$\frac{1}{n}$），则有递归关系：

---

①欧拉[72]利用高阶调和函数最早发现其收敛性，并给出该常数值到小数点后 6 位：0.577218。高阶调和函数的定义可参考文献 [1]

②快速排序算法由图灵奖获得者霍尔（Charles A. R. Hoare，1934–，英国计算机科学家）提出[73]，本书借鉴了文献 [74] 中所描述的快速排序算法。

110

算法 6.1 快速排序算法 QuickSort($left$, $right$)

输入：待排序的数组 ARRAY，数组的左、右边界值 $left$ 和 $right$
输出：已排序的数组 ARRAY
if $left < right$ **then**
    $base \leftarrow$ ARRAY[$left$];
    $l \leftarrow left$;
    $r \leftarrow right + 1$;
    repeat
        repeat
            $r \leftarrow r - 1$;
        until $l = r \lor$ ARRAY[r] $< base$；
        if $l < r$ **then**
            ARRAY[l] $\leftarrow$ ARRAY[r];
            repeat
                $l \leftarrow l + 1$;
            until $l = r \lor$ ARRAY[l] $> base$；
            if $l < r$ **then**
                ARRAY[r] $\leftarrow$ ARRAY[l];
            end if
        end if
    until $l = r$；
    ARRAY[l] $\leftarrow base$;
    QuickSort($left$, $l - 1$);
    QuickSort($l + 1$, $right$);
end if

$$\begin{cases} f(n) = n - 1 + \frac{2}{n} \sum_{k=0}^{n-1} f(k), & n \geqslant 2 \\ f(0) = f(1) = 0 \end{cases} \tag{6.35}$$

对递归式两边同乘以 n，然后再考虑 n 和 $n-1$ 的情况，则有如下式子

$$\begin{cases} nf(n) = n(n-1) + 2 \sum_{k=0}^{n-1} f(k) \\ (n-1)f(n-1) = (n-1)(n-2) + 2 \sum_{k=0}^{n-2} f(k) \end{cases}$$

两式子左右部分各自作差并整理后得：

$$\frac{f(n)}{n+1} = \frac{f(n-1)}{n} + \frac{2(n-1)}{n(n+1)}$$

令

$$h(n) = \frac{f(n)}{(n+1)}$$

则有 $h(0) = h(1) = 0$，以及

$$h(n) = h(n-1) + \frac{2(n-1)}{n(n+1)} = h(n-2) + \frac{2(n-2)}{(n-1)n} + \frac{2(n-1)}{n(n+1)} = \cdots$$

$$= h(1) + \frac{2 \cdot 1}{2 \cdot 3} + \frac{2 \cdot 2}{3 \cdot 4} + \cdots + \frac{2(n-2)}{(n-1)n} + \frac{2(n-1)}{n(n+1)}$$

$$= 2\left(\frac{1}{2} - \frac{1}{3} + 2\left(\frac{1}{3} - \frac{1}{4}\right) + \cdots + (n-2)\left(\frac{1}{n-1} - \frac{1}{n}\right)\right.$$

$$\left. + (n-1)\left(\frac{1}{n} - \frac{1}{n+1}\right)\right)$$

$$= 2\left(\left(\frac{1}{2} + \frac{1}{3} + \cdots + \frac{1}{n}\right) - \frac{n-1}{n+1}\right)$$

$$= 2H(n) - \frac{4n}{n+1}$$

所以 $f(n) = 2(n+1)H(n) - 4n \approx 2(n+1)(\ln n + \gamma) - 4n \approx 2(n+1)\ln n - 3n$，快速排序算法的时间复杂度为 $\mathcal{O}(n \ln n)$。

习　　题

1. 求如下递归关系：

$$\begin{cases} f(n) = f(n-1) + n^3 \\ f(0) = 0 \end{cases}$$

（提示：将每一项逐步展开）

2. 求如下递归关系：

$$\begin{cases} f(n) = 3f(n-1) + 4^{n-1} \\ f(0) = \frac{1}{4} \end{cases}$$

（提示：将非齐次递归关系齐次化）

3. 求如下递归关系：

$$\begin{cases} f(n) = 4f^3(n-1) \\ f(0) = 1 \end{cases}$$

（提示：通过取对数进行降阶）

4. 规定 $F(-1) = 1$，证明：

$$\forall m \in \mathbb{N}, \ \forall n \in \mathbb{N}: F(m+n) = F(m)F(n+1) + F(m-1)F(n)$$

5. $k \geqslant 0$ 时，证明：

$$\mathcal{A}(1, k) = k + 2 \text{、} \mathcal{A}(2, k) = 2k + 3 \text{、}$$

$$\mathcal{A}(3, k) = 2^{k+3} - 3 \text{、} \mathcal{A}(4, k) = \underbrace{2^{2^{\cdot^{\cdot^{2}}}}}_{k+3 \text{次}} - 3$$

6. 证明：

$$\forall m \in \mathbb{N}, \ \forall n \in \mathbb{N}: \ \gcd(F(m), F(n)) = F(\gcd(m, n))$$

其中，$\gcd(\cdot, \cdot)$ 表示两个自然数的最大公因子，并规定任何自然数与 0 的最大公因子为该自然数本身。

7. 已知二元运算 $\bullet$ 不满足结合律，即

$$(a_1 \bullet a_2) \bullet a_3 \neq a_1 \bullet (a_2 \bullet a_3)$$

问 $a_1 \bullet a_2 \bullet a_3 \bullet \cdots \bullet a_n$ 有多少种不同的运算方案？

8. 求有 n 个叶子节点的完全二叉树的个数。（提示：与上一问题建立一一对应关系；此处，完全二叉树定义为每个内部节点的出度均为2）

9. 从组合意义上证明：

（1）$\left\{ {n \atop 2} \right\} = 2^{n-1} - 1$

（2）$\left\{ {n \atop n-1} \right\} = \left[{n \atop n-1} \right] = \binom{n}{2}$

10. 证明[①]：

$$x^n = \sum_{k=0}^{n} \left\{ {n \atop k} \right\} x^{\underline{k}}$$

11. 证明：

$$n! = \sum_{j=0}^{n} (-1)^j \binom{n}{j} (n-j)^n$$

12. 证明：

$$\sum_{k=0}^{n-1} H(k) = nH(n) - n$$

---

① 该问题即为斯特林所研究的[15, 68]。

13. 使用生成函数求解斐波那契数的递归关系。

14. 使用生成函数求解卡特兰数的递归关系。

15. 编写单线程与多线程程序分别实现快速排序，并测试比较它们的时间性能。

16. 众所周知，n 个盘子的汉诺塔问题①的解为 $T(n) = 2^n - 1$，$n \geqslant 0$。试证明：为什么 $2^n - 1$ 步移动是充分且必要的？

---

① 汉诺塔问题（The Tower of Hanoi）由法国数学家卢卡斯（Édouard Lucas，1842–1891）提出[75]，该问题的证明可参考文献 [1]。

第7章　容斥原理

本章介绍容斥原理的几种表述形式及其在几个排列计数问题求解上的应用，以及容斥原理在欧拉 totient 函数和莫比乌斯反演上的应用，并介绍一个基于容斥原理与生成函数求解旅行商问题的方法。

7.1　容斥原理的简单形式

在求解某些计数问题时，需要考虑若干种情况，但这些情况相容相斥，对计数带来了挑战，而容斥原理（the inclusion-exclusion principle）[①] 从理论上指出如何对这些相容相斥情况进行处理。

定理 7.1 (容斥原理的简单形式)　设 S 是有限集，P_1、P_2、$\cdots$、P_n 是 n 个与 S 有关的性质，且对每个性质 P_k（$1 \leqslant k \leqslant n$）和 S 的每个元素 a 来说，a 要么满足性质 P_k，要么不满足性质 P_k。设 A_k（$1 \leqslant k \leqslant n$）是 S 中满足性质 P_k 的所有元素的集合，用 $\overline{A_k} = S \setminus A_k$ 表示 A_k 的补集，即 S 中不满足性质 P_k 的所有元素的集合，则 S 中既不满足性质 P_1、也不满足性质 P_2、$\cdots$、也不满足性质 P_n 的元素的个数可由如下公式计算：

$$
\begin{aligned}
|\overline{A_1} \cap \overline{A_2} \cap \cdots \cap \overline{A_n}| = |S| &- \sum_{1 \leqslant k \leqslant n} |A_k| + \sum_{1 \leqslant j < k \leqslant n} |A_j \cap A_k| \\
&- \sum_{1 \leqslant j < k < l \leqslant n} |A_j \cap A_k \cap A_l| \\
&+ \cdots + (-1)^n |A_1 \cap A_2 \cap \cdots \cap A_n|
\end{aligned}
\tag{7.1}
$$

证明：　任给 S 中的一个元素 a，如果能够证明"当 a 既不满足性质 P_1、也不满足性质 P_2、$\cdots$、也不满足性质 P_n 时，元素 a 对式 (7.1) 右端的贡献值为 1，而当 a 至少满足这组性质中的一个时，它对式 (7.1) 右端的贡献值为 0"，则该结论就被证明成立了。下面分别考察这两种情况。

[①] 1708–1713 年，多位数学家在出版的著作或通信中用到了该原理，包括蒙特莫特（Pierre R. de Montmort，1678–1719，法国数学家）、棣莫弗（Abraham de Moivre，1667–1754，英国数学家）、伯努利（Nicolaus Bernoulli，1687–1759，瑞士数学家）等[76]。

（1）当 a 既不满足性质 P_1（$a \notin A_1$）、也不满足性质 P_2（$a \notin A_2$）、$\cdots$、也不满足性质 P_n（$a \notin A_n$）时，a 在 S 中，但不在式 (7.1) 右端的任一其他集合中，所以 a 对式 (7.1) 右端的贡献值为

$$1 - 0 + 0 - \cdots + (-1)^n 0 = 1$$

（2）设 a 恰好满足 P_{k_1}（$a \in A_{k_1}$）、P_{k_2}（$a \in A_{k_2}$）、$\cdots$、P_{k_m}（$a \in A_{k_m}$）等 m（$1 \leqslant m \leqslant n$）个性质。显然，$a$ 对 $|S|$ 的贡献值为 $1 = \binom{m}{0}$；a 对 $\sum_{k=1}^{n} |A_k|$ 的贡献值为 $\binom{m}{1}$；a 对 $\sum_{1 \leqslant j < k \leqslant n} |A_j \cap A_k|$ 的贡献值为 $\binom{m}{2}$；如此下去，直至 a 对 $\sum_{1 \leqslant j_1 < j_2 < \cdots < j_m \leqslant n} |A_{j_1} \cap A_{j_2} \cap \cdots \cap A_{j_m}|$ 的贡献值为 $\binom{m}{m}$；再往后，对更多相交的情况，a 的贡献值为 0。因此，a 对式 (7.1) 右端的贡献值为

$$\binom{m}{0} - \binom{m}{1} + \binom{m}{2} - \cdots + (-1)^m \binom{m}{m} = 0$$

注：上式值为 0 是依据奇偶互等性。总而言之，结论成立。

先看如何使用容斥原理求解错排（derangement）[①]计数问题。对 $\{1, 2, \cdots, n\}$ 的一个全排列 $a_1 a_2 \cdots a_n$ 来说，如果 $\forall j \in \{1, 2, \cdots, n\}$：$a_j \neq j$，则称该全排列为该集合的一个错排，即每一个自然数都不在其自然位置上。集合 $\{1, 2, \cdots, n\}$ 的所有错排的个数记为 $D(n)$。显然 $\{1\}$ 无错排，$\{1, 2\}$ 只有一个错排 21，$\{1, 2, 3\}$ 只有两个错排 231 和 312，所以，$D(1) = 0$、$D(2) = 1$、$D(3) = 2$。

例 7.1 (错排计数公式)　已知 $n \geqslant 1$，证明：

$$D(n) = n! \sum_{k=0}^{n} (-1)^k \frac{1}{k!} = n! \left(1 - \frac{1}{1!} + \frac{1}{2!} - \cdots + (-1)^n \frac{1}{n!} \right) \tag{7.2}$$

证明： 设 S 是集合 $\{1, 2, \cdots, n\}$ 的所有全排列的集合，则 $|S| = n!$。令性质 P_j 表示一个全排列的第 j 个位置上恰好放置元素 j，令 A_j 为 S 中满足性质 P_j 的全排列的集合，$1 \leqslant j \leqslant n$。由于 A_j 中的每个元素都具有如下形式：

$$a_1 \cdots a_{j-1} j a_{j+1} \cdots a_n$$

其中，$a_1 \cdots a_{j-1} a_{j+1} \cdots a_n$ 是 $\{1, \cdots, j-1, j+1, \cdots, n\}$ 的一个全排列，所以就有：

[①] 错排问题的另一表述来自于伯努利（Daniel Bernoulli，1700–1782，瑞士数学家）：问 n 封信全装错信封的所有可能方案数。后来由欧拉构造了递归关系，给出了答案[77]。

$$\begin{aligned}
|A_j| &= (n-1)!, & 1 \leqslant j \leqslant n \\
|A_j \cap A_k| &= (n-2)!, & 1 \leqslant j < k \leqslant n \\
|A_j \cap A_k \cap A_l| &= (n-3)!, & 1 \leqslant j < k < l \leqslant n \\
&\cdots
\end{aligned}$$

依据容斥原理，S 中既不满足性质 P_1、也不满足性质 P_2、$\cdots$、也不满足性质 P_n 的元素个数（即所有错排的个数）为

$$\begin{aligned}
D(n) &= |\overline{A_1} \cap \overline{A_2} \cap \cdots \cap \overline{A_n}| \\
&= n! - \binom{n}{1}(n-1)! + \binom{n}{2}(n-2)! - \cdots + (-1)^n \binom{n}{n}(n-n)! \\
&= n!\left(1 - \frac{1}{1!} + \frac{1}{2!} - \cdots + (-1)^n \frac{1}{n!}\right) \\
&= n! \sum_{k=0}^{n} (-1)^k \frac{1}{k!}
\end{aligned}$$

结论得证。

通过构造递归关系也能求解错排计数问题。对 $\{1, 2, \cdots, n\}$ 的错排 $a_1 a_2 \cdots a_n$，依据第 n 个位置上的值可将其分为 $n-1$ 类：A_j 表示第 n 个位置上的值为 j 的所有错排的集合（$j = 1, 2, \cdots, n-1$）。显然 $|A_1| = |A_2| = \cdots = |A_{n-1}|$，不妨设它们均为 d_n，所以，$D(n) = (n-1)d_n$。下面考察集合 A_{n-1}，又可将其分为如下两类：

（1）$A_{n(n-1)}$：第 n 个位置上的值为 $n-1$ 且第 $n-1$ 个位置上的值为 n，这相当于 $a_1 a_2 \cdots a_{n-2}$ 是 $\{1, 2, \cdots, n-2\}$ 的错排，所以有 $|A_{n(n-1)}| = D(n-2)$。

（2）$A_{\bar{n}(n-1)}$：第 n 个位置上的值为 $n-1$ 但第 $n-1$ 个位置上的值不为 n，这相当于 $a_1 a_2 \cdots a_{n-2} a_{n-1}$ 是 $\{1, 2, \cdots, n-2, \boldsymbol{n-1}\}$ 的错排。注：给定 $\{1, 2, \cdots, n-2, \boldsymbol{n-1}\}$ 的一个错排，将其中的 $\boldsymbol{n-1}$ 替换为 n、后面再链接上 $n-1$，即为 $A_{\bar{n}(n-1)}$ 中的一个错排，反之亦然，所以有 $|A_{\bar{n}(n-1)}| = D(n-1)$。

综合以上两种情况可知，$d_n = D(n-2) + D(n-1)$，所以可得如下递归关系：

$$D(n) = (n-1)\big(D(n-1) + D(n-2)\big) \tag{7.3}$$

对式 (7.3) 稍作变化就得到如下递归关系[①]：

$$\begin{aligned}
D(n) - nD(n-1) &= (-1)^1 \big(D(n-1) - (n-1)D(n-2)\big) \\
&= \cdots
\end{aligned}$$

---

① 欧拉当年并不像这里经过一个变化由式 (7.3) 推出式 (7.4)，而是依据式 (7.3) 枚举到 $D(10)$，然后观察归纳出式 (7.4)，随后又证明式 (7.3) 可由式 (7.4) 推出[78]。

$$= (-1)^{n-2}\big(D(2) - 2D(1)\big)$$
$$= (-1)^{n-2} \qquad\qquad\qquad (7.4)$$

再将式 (7.4) 表述为 $D(n) = nD(n-1) + (-1)^n$ 的形式，然后逐步展开就得到式 (7.2)。注：无论依据式 (7.2)，还是依据式 (7.3) 和式 (7.4)，均可以规定 $D(0) = 1$ 而不影响其他的值。

错排是限制位置（restricted position），限制第 j 个位置上出现 j；还可以有禁止模式（forbidden pattern），如禁止 $\{1, 2, \cdots, n\}$ 的全排列中出现 "12"、"23"、$\cdots$、"$(n-1)n$" 这 $n-1$ 种模式的全排列的个数，记为 $I(n)$。$I(2) = 1$，这是因为 $\{1, 2\}$ 的全排列中只有 21 符合要求；$I(3) = 3$，这是因为 $\{1, 2, 3\}$ 的全排列中只有 132、213、321 符合要求；规定 $I(1) = 1$。利用容斥原理也容易求 $I(n)$ 的计数公式，并且 $I(n) = D(n) + D(n-1)$，这些均留作课下作业。

例 7.2 (有禁止模式的排列数) 已知 $n > 0$，则

$$I(n) = n! - \binom{n-1}{1}(n-1)! + \binom{n-1}{2}(n-2)!$$
$$- \cdots + (-1)^{n-1}\binom{n-1}{n-1}1!$$
$$= \sum_{k=0}^{n-1}(-1)^k\binom{n-1}{k}(n-k)! \qquad\qquad (7.5)$$

下面给出容斥原理简单形式的一个变形。因为

$$A_1 \cup A_2 \cup \cdots \cup A_n = S \setminus (\overline{A_1} \cap \overline{A_2} \cap \cdots \cap \overline{A_n})$$

所以有

$$|A_1 \cup A_2 \cup \cdots \cup A_n| = |S| - |\overline{A_1} \cap \overline{A_2} \cap \cdots \cap \overline{A_n}|$$
$$= \sum_{1 \leqslant k \leqslant n}|A_k| - \sum_{1 \leqslant j < k \leqslant n}|A_j \cap A_k|$$
$$+ \sum_{1 \leqslant j < k < l \leqslant n}|A_j \cap A_k \cap A_l|$$
$$- \cdots - (-1)^n|A_1 \cap A_2 \cap \cdots \cap A_n| \qquad (7.6)$$

该公式表示集合 S 中或者满足性质 P_1、或者满足性质 P_2、$\cdots$、或者满足性质 P_n 的元素的个数。

7.2 容斥原理的一般形式

前面所介绍的容斥原理，描述了一组性质均不满足或至少满足一个的计数问题，如果问恰好满足这组性质中的 m 个性质的元素个数，将如何求解？为此，先定义如下符号：设 S 是有限集，P_1、P_2、$\cdots$、P_n 是 n 个与 S 有关的性质，用 $\Omega(P_{k_1}, P_{k_2}, \cdots, P_{k_m})$ 表示 S 中满足性质 P_{k_1}、P_{k_2}、$\cdots$、P_{k_m} 的元素的个数。如果用 A_k（$1 \leqslant k \leqslant n$）表示 S 中满足性质 P_k 的所有元素的集合，则 $\Omega(P_{k_1}, P_{k_2}, \cdots, P_{k_m}) = |A_{k_1} \cap A_{k_2} \cap \cdots \cap A_{k_m}|$。为简单起见，记

$$
\begin{aligned}
\omega(m) &\triangleq \sum_{1 \leqslant k_1 < k_2 < \cdots < k_m \leqslant n} \Omega(P_{k_1}, P_{k_2}, \cdots, P_{k_m}) \\
&= \sum_{1 \leqslant k_1 < k_2 < \cdots < k_m \leqslant n} |A_{k_1} \cap A_{k_2} \cap \cdots \cap A_{k_m}|
\end{aligned}
$$

显然，如果一个元素 $a \in S$ 恰好具有上述性质中的 m' 个，则当 $m' < m$ 时，a 对 $\omega(m)$ 所贡献的值为 0；而当 $m' \geqslant m$ 时，a 对 $\omega(m)$ 所贡献的值为 $\binom{m'}{m}$。当然，这两种情况均可由 $\binom{m'}{m}$ 统一表示，这是由于当 $m' < m$ 时，$\binom{m'}{m} = 0$。规定 $\omega(0) = |S|$。

定理 7.2（容斥原理的一般形式） 给定有限集 S 和性质 P_1、P_2、$\cdots$、P_n，则 S 中恰好满足这 n 个性质中的 m 个的元素个数，记为 $\Omega(m)$，可由如下公式计算：

$$
\begin{aligned}
\Omega(m) &= \omega(m) - \binom{m+1}{m} \omega(m+1) + \binom{m+2}{m} \omega(m+2) \\
&\quad - \cdots + (-1)^{n-m} \binom{n}{m} \omega(n) \\
&= \sum_{j=0}^{n-m} (-1)^j \binom{m+j}{m} \omega(m+j)
\end{aligned} \tag{7.7}
$$

证明： 给定一个元素 $a \in S$，设 a 恰好具有结论中所述 n 个性质中的 m' 个。考虑以下情况：

（1）如果 $m' < m$，则 a 对 $\omega(m)$、$\omega(m+1)$、$\omega(m+2)$、$\cdots$ 的贡献值均为 0，即对式 (7.7) 的右边的贡献值为 0。

（2）如果 $m' = m$，则 a 对 $\omega(m)$ 的贡献值恰好为 1，而对 $\omega(m+1)$、$\omega(m+2)$、$\cdots$ 的贡献值均为 0，即对式 (7.7) 的右边的贡献值为 1。

（3）如果 $m' > m$，则 a 对 $\omega(m)$ 的贡献值恰好为 $\binom{m'}{m}$，对 $\omega(m+1)$ 的贡献值恰好为 $\binom{m'}{m+1}$，$\cdots$，对 $\omega(n)$ 的贡献值恰好为 $\binom{m'}{n}$。因此，对式 (7.7) 的右边的贡献值为

$$\binom{m'}{m} - \binom{m+1}{m}\binom{m'}{m+1} + \binom{m+2}{m}\binom{m'}{m+2}$$
$$- \cdots + (-1)^{n-m}\binom{n}{m}\binom{m'}{n}$$
$$= \sum_{k=m}^{n}(-1)^{k-m}\binom{m'}{k}\binom{k}{m} \underset{\text{性质 2.12}}{\overset{\text{三转二性}}{=\!=\!=\!=}} \sum_{k=m}^{n}(-1)^{k-m}\binom{m'}{m}\binom{m'-m}{k-m}$$
$$= \binom{m'}{m}\sum_{k=0}^{n-m}(-1)^{k}\binom{m'-m}{k} \underset{m'\leqslant n}{=\!=\!=\!=} \binom{m'}{m}\sum_{k=0}^{m'-m}(-1)^{k}\binom{m'-m}{k} = 0$$

注：上式推导的最后一步用的是奇偶互等性。

由 ω 和 Ω 的定义可知：

$$\Omega(0) = \omega(0) - \omega(1) + \omega(2) - \cdots + (-1)^{n}\omega(n)$$

与容斥原理的简单形式一致，直接意思为"恰好满足 0 个给定性质的元素个数"，与"不满足任一给定性质的元素个数"——式 (7.1)，意思相同。

例 7.3(依赖变量的函数个数)　已知 $A = \{a_1, a_2, \cdots, a_k\}$，$B = \{b_1, b_2, \cdots, b_l\}$、函数 $g: A^n \to B$，即 $g(x_1, x_2, \cdots, x_n)$ 是一个包含 n 个自变量的函数，每个自变量的定义域为 A，函数的值域为 B。显然，这样的函数个数为

$$|B|^{|A^n|} = l^{k^n}$$

问：给定一个 m（$0 \leqslant m \leqslant n$），这些函数中恰好依赖 m 个变量的函数有多少个？

解：给定一个函数 $g(x_1, x_2, \cdots, x_n)$，它不依赖于变量 x_j（$1 \leqslant j \leqslant n$）当且仅当 $\forall a'_j \in A$，$\forall a''_j \in A$，$\forall(a'_1, \cdots, a'_{j-1}, a'_{j+1}, \cdots, a'_n) \in A^{n-1}$：

$$g(a'_1, \cdots, a'_{j-1}, a'_j, a'_{j+1}, \cdots, a'_n) = g(a'_1, \cdots, a'_{j-1}, a''_j, a'_{j+1}, \cdots, a'_n)$$

定义性质 P_j：函数不依赖于变量 x_j，$j = 1, 2, \cdots, n$。给定 $1 \leqslant j_1 < j_2 < \cdots < j_t \leqslant n$，则有

$$\Omega(P_{j_1}, P_{j_2}, \cdots, P_{j_t}) = l^{k^{n-t}}$$

$$\omega(t) = \binom{n}{t} l^{k^{n-t}}$$

因此，恰好依赖 m 个变量的函数的个数，即恰好不依赖 $n-m$ 个变量的函数的个数（恰好满足上述定义的 n 个性质中的 $n-m$ 个性质的元素个数），就是：

$$
\begin{aligned}
\Omega(n-m) &= \sum_{j=0}^{m} (-1)^j \binom{n-m+j}{n-m} \omega(n-m+j) \\
&= \sum_{j=0}^{m} (-1)^j \binom{n-m+j}{n-m} \binom{n}{n-m+j} l^{k^{m-j}} \\
&= \binom{n}{m} \sum_{j=0}^{m} (-1)^j \binom{m}{j} l^{k^{m-j}}
\end{aligned}
\tag{7.8}
$$

注：上式推导中的最后一步利用了二项式系数的三转二性。

看两个特殊情况：

（1）若 $m=n$，则意味着依赖所有变量的函数个数，即

$$\Omega(0) = \sum_{j=0}^{n} (-1)^j \binom{n}{j} l^{k^{n-j}}$$

（2）若 $m=0$，则意味着不依赖任何变量的函数个数，即

$$\Omega(n) = l^{k^0} = l$$

考虑有 2 个变量的布尔函数，如表 7.1 所示。显然，不依赖任何变量的有 2 个：永假式 $f_0(x_1, x_2) = 0$ 和永真式 $f_1(x_1, x_2) = 1$；只依赖一个变量的有 4 个：$f_2(x_1, x_2) = x_1$、$f_3(x_1, x_2) = x_2$、$f_4(x_1, x_2) = \neg x_1$、$f_5(x_1, x_2) = \neg x_2$；而剩下的 10 个既依赖于 x_1 也依赖于 x_2，如 $f_6(x_1, x_2) = x_1 \wedge x_2$。容易验证，这些计数结果完全符合式 (7.8)。

表 7.1　含有 2 个自变量的布尔函数

x_1	x_2	f_0	f_1	f_2	f_3	f_4	f_5	f_6	f_7	f_8	f_9	f_{10}	f_{11}	f_{12}	f_{13}	f_{14}	f_{15}
0	0	0	1	0	0	1	1	0	1	0	1	1	0	1	0	1	0
0	1	0	1	0	1	1	0	0	1	1	0	1	0	0	1	0	1
1	0	0	1	1	0	0	1	0	1	1	0	0	1	0	1	1	0
1	1	0	1	1	1	0	0	1	0	1	0	1	0	1	0	1	0

7.3 棋子多项式

错排计数问题中，受限位置很有规律，若是受限位置没有规律，则可以使用棋子多项式（rook polynomial）①的方法求解相应的排列计数问题。

考虑这样一个问题（此处简称人车分配问题）：6 个人（编号为 1 至 6）外出旅游租了 6 辆车（编号为 c_1 至 c_6），他们对车各有偏好，图 7.1（a）中一个阴影块表示对应的人不喜欢对应的车。问：让每个人都能分配到一辆喜欢的车共有多少种分配方案？显然，满足要求的一种分配就相当于 c_1 至 c_6 的一个排列，而每辆车不能出现在它被禁止的位置上（一个阴影块可以看作相应的车禁止出现在相应的位置上），反之亦然。为此，定义性质 P_k：在位置 k 上有受限车辆出现，$k = 1, 2, \cdots, 6$。则由容斥原理可知，分配方案数可由如下公式计算：

$$\Omega(0) = \omega(0) - \omega(1) + \omega(2) - \omega(3) + \omega(4) - \omega(5) + \omega(6)$$

$\omega(0) = 6!$。先考察 $\omega(1)$ 的计算。若某个排列满足性质 P_1，则它在第 1 个位置上有受限车辆（即 c_5），而其他车辆任意排列（共有 5! 个），因此有

$$\Omega(P_1) = \text{第 1 列上的阴影块数} \cdot 5! = 1 \cdot 5!$$

又如，若某个排列满足性质 P_2，则它在第 2 个位置上有受限车辆（即 c_4 或 c_6），而其他车辆任意排列（共有 5! 个），因此有

$$\Omega(P_2) = \text{第 2 列上的阴影块数} \cdot 5! = 2 \cdot 5!$$

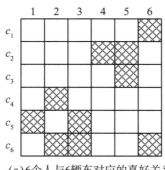

(a) 6个人与6辆车对应的喜好关系

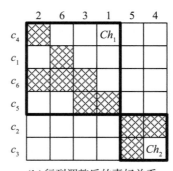

(b) 行列调整后的喜好关系，形成两个不相交的小棋盘

图 7.1 行列变换后并不改变喜好关系

---

① 棋子多项式由卡普兰斯基（Irving Kaplansky，1917–2006，美国数学家）和里奥顿（John Riordan，美国数学家）提出[79]，并由里奥顿进一步发展[80]。

表 7.2 列出了各 $\Omega(P_j)$ 的值，由此知：

$$\omega(1) = \sum_{j=1}^{6} \Omega(P_j) = 10 \cdot 5! = \text{总阴影块数} \cdot 5!$$

表 7.2 $\omega(1)$ 的各个值

j	1	2	3	4	5	6
$\Omega(P_j)$	$1 \cdot 5!$	$2 \cdot 5!$	$2 \cdot 5!$	$1 \cdot 5!$	$2 \cdot 5!$	$2 \cdot 5!$

再考察 $\omega(2)$。若某个排列既满足性质 P_1 又满足性质 P_2，则在第 1 列与第 2 列上取 2 个不同行的阴影块（$c_5 c_4$ 或 $c_5 c_6$），而其他车辆任意排列，因此有：

$$\Omega(P_1, P_2) = \text{第 1 列与第 2 列上取 2 个不同行的阴影块的方案数} \cdot 4! = 2 \cdot 4!$$

表 7.3 列出了各 $\Omega(P_j, P_l)$ 的值，由此知：

$$\omega(2) = \sum_{1 \leqslant j < l \leqslant 6} \Omega(P_j, P_l) = 36 \cdot 4! = \text{不同行列中选 2 个阴影块的方案数} \cdot 4!$$

表 7.3 $\omega(2)$ 的各个值

$\Omega(P_j, P_l)\backslash l$ — j	2	3	4	5	6
1	$2 \cdot 4!$	$1 \cdot 4!$	$1 \cdot 4!$	$2 \cdot 4!$	$2 \cdot 4!$
2		$3 \cdot 4!$	$2 \cdot 4!$	$4 \cdot 4!$	$3 \cdot 4!$
3			$2 \cdot 4!$	$4 \cdot 4!$	$3 \cdot 4!$
4				$1 \cdot 4!$	$2 \cdot 4!$
5					$4 \cdot 4!$

以此类推，就有：

$$\omega(k) = \text{不同行列中选 } k \text{ 个阴影块的方案数} \cdot (6 - k)!$$

所以，$\omega(3) = 58 \cdot 3!$、$\omega(4) = 42 \cdot 2!$、$\omega(5) = 12 \cdot 1!$、$\omega(6) = 1 \cdot 0!$。因此，

$$\Omega(0) = 6! - 10 \cdot 5! + 36 \cdot 4! - 58 \cdot 3! + 42 \cdot 2! - 12 \cdot 1! + 1 \cdot 0! = 109$$

如上例，含有阴影块的 $n \times n$ 的方格子称为棋盘（chessboard），而阴影块可以称作棋子（rook，国际象棋中的"车"）。设 Ch 是一个棋盘，从 Ch 中选出 k 个不同行不同列的阴影块的方案数记为 $Ch(k)$，规定 $Ch(0) = 1$，则将上例中的排列问题一般化就得到定理7.3。

定理 7.3 (棋子多项式诱导的排列数) 设 Ch 是一个 $n \times n$ 的棋盘，则安排 n

个不同物品，要求每个物品不在其受限位置上，其排列数为

$$\sum_{k=0}^{n}(-1)^k Ch(k)(n-k)! \qquad (7.9)$$

显然，如何得到 $Ch(k)$ 是关键。数列 $\langle Ch(k)\rangle_{k\geqslant 0}$ 对应一个称为"棋子多项式"的生成函数：

$$\mathcal{G}(x)=\sum_{k=0}^{n}Ch(k)x^k \qquad (7.10)$$

如上例，它的棋子多项式为

$$1+10x+36x^2+58x^3+42x^4+12x^5+x^6 \qquad (7.11)$$

注意：给定一个棋盘，是希望能够先求出相应的棋子多项式，然后将多项式的系数代入式 (7.9) 中再求满足要求的排列数。

在人车分配问题的求解过程中能够发现，并不容易求 $Ch(3)$、$Ch(4)$ 等。如果能够把一个大的棋盘分成几个小的棋盘，是否可以降低求解的难度？分解前后的关系如何？带着这些问题，首先可以观察到：给定一个棋盘 Ch，交换它的任意两行则得到一个新棋盘，在该新棋盘上求得的任一满足要求的排列都与在原棋盘上求得的一个满足要求的排列一致，反之亦然；如果交换它的任意两列也会得到一个新棋盘，而在该新棋盘上求得的满足要求的排列与在原棋盘上求得的满足要求的排列一一对应，这是因为在新棋盘上求得的满足要求的一个排列，只须将那两列上的物品再交换一下位置就成为在原棋盘上求得的满足要求的一个排列，反之亦然。因此，基于行列变换，如果能够把一个棋盘转成阴影块互不相交的两个或多个子棋盘，则可以利用子棋盘的棋子多项式求原棋盘的棋子多项式，从而将复杂问题分解。譬如，图 7.1（b）就是将（a）中棋盘行列变换后得到的阴影块互不相交的两个子棋盘。记 Ch_1 和 Ch_2 是行列变换后得到的阴影块互不相交的两个子棋盘，记 $\mathcal{G}_1$ 和 $\mathcal{G}_2$ 是相应的棋子多项式，则由生成函数的卷积操作可知：

$$\mathcal{G}(x)=\mathcal{G}_1(x)\mathcal{G}_2(x) \qquad (7.12)$$

$$Ch(k)=\sum_{j=0}^{k}Ch_1(j)Ch_2(k-j) \qquad (7.13)$$

如此，则可由小棋盘的棋子多项式的乘积得到大棋盘的棋子多项式。

针对图 7.1（b）中的子棋盘 Ch_1，可得其棋子多项式 $1+7x+14x^2+9x^3+x^4$；

针对子棋盘 Ch_2，可得其棋子多项式 $1 + 3x + x^2$。二者相乘恰好为棋子多项式 (7.11)。

除了行列变换的方式之外，还有一种分解的方式：找到给定大棋盘的一个关键阴影块，则大棋盘中取 k 个不同行不同列的阴影块的方案数就被分为如下两类：

（1）所取的 k 个阴影块不包含这个关键的阴影块。这种取法相当于在原棋盘上将这个关键阴影块变成非阴影块后形成的新棋盘上取，记该新棋盘为 Ch^*、棋子多项式为 $\mathcal{G}^*(x)$。

（2）所取的 k 个阴影块包含这个关键的阴影块。这种取法相当于在原棋盘上将这个关键阴影块所在行与列中的所有阴影块变成非阴影块后形成的新棋盘上取，记该新棋盘为 Ch_*^*、棋子多项式为 $\mathcal{G}_*^*(x)$。

由加法原则和生成函数的加法操作可得

$$Ch(k) = Ch^*(k) + Ch_*^*(k-1) \tag{7.14}$$

$$\mathcal{G}(x) = \mathcal{G}^*(x) + x\mathcal{G}_*^*(x) \tag{7.15}$$

例如，图 7.1（a）中棋盘，取其最右下角的阴影块 $(c_6, 6)$ 为关键阴影块，则上述两种类型对应的新棋盘分别如图 7.2（a）和（b）所示。图 7.2（a）形成 3 个互不相交的小棋盘，容易求得它的棋子多项式为

$$(1+x)(1+3x+x^2)(1+5x+6x^2+x^3) = 1+9x+30x^2+46x^3+33x^4+10x^5+x^6$$

图 7.2（b）形成 2 个互不相交的小棋盘，容易求得它的棋子多项式为

$$(1+3x+x^2)(1+3x+2x^2) = 1+6x+12x^2+9x^3+2x^4$$

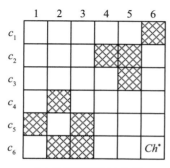

（a）关键阴影块被去掉

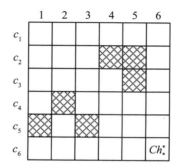

（b）关键阴影块所在行列上的所有阴影块被去掉

图 7.2 将图7.1(a)中最右下角的阴影块看作关键阴影块所形成的2个子棋盘

125

因此，图 7.1（a）的棋子多项式为

$$(1 + 9x + 30x^2 + 46x^3 + 33x^4 + 10x^5 + x^6) + x(1 + 6x + 12x^2 + 9x^3 + 2x^4)$$

合并同类项之后恰好为棋子多项式 (7.11)，与前面求得的完全一致。

用棋子多项式可以求限制位置没有规律的排列计数问题，当然也可以用于限制位置有规律的情况。此处使用棋子多项式求错排数，错排问题对应图 7.3 所示的棋盘，显然该棋盘的棋子多项式为 $(1+x)^n$，所以 $Ch(k) = \binom{n}{k}$，因此错排数为

$$D(n) = \sum_{k=0}^{n} (-1)^k Ch(k)(n-k)! = \sum_{k=0}^{n} (-1)^k \binom{n}{k}(n-k)!$$

与前面求解的结果一致。

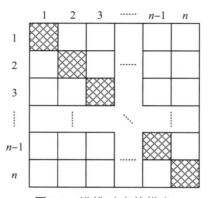

图 7.3　错排对应的棋盘

再看一个例子：二重错排①。$\{1, 2, \cdots, n\}$ 的一个全排列 $a_1 a_2 \cdots a_n$ 称为一个二重错排，当且仅当 $\forall j \in \{1, 2, \cdots, n\}$：

$$a_j \neq j \wedge a_{(j \bmod n)+1} \neq j$$

换句话说，$\{1, 2, \cdots, n\}$ 的一个二重错排要求 1 不能出现在第 1 个和第 2 个位置上、2 不能出现在第 2 个和第 3 个位置上、$\cdots$、$n-1$ 不能出现在第 $n-1$ 个和第 n 个位置上、n 不能出现在第 n 个和第 1 个位置上。

例 7.4 (二重错排数)　给定集合 $\{1, 2, \cdots, n\}$，则有多少个二重错排？

①二重错排与卢卡斯提出的夫妻围坐问题（又称 ménage 问题）相关[81]，夫妻围坐问题：n 对夫妻围绕圆桌坐下，要求男女相间隔，且任一对夫妻不能挨着坐，问共有多少种坐法？图查德（Jacques Touchard，1885–1968，法国数学家）首先给出了该问题的计数公式[82]，而卡普兰斯基使用二重错排证明了该计数公式[83]。

解：记二重错排数为 $U(n)$。显然，集合 $\{1\}$ 和 $\{1,2\}$ 均没有二重错排，即 $U(1) = U(2) = 0$；而 $\{1,2,3\}$ 只有一个二重错排 231，即 $U(3) = 1$。下面，先使用容斥原理求解二重错排计数问题，然后再考察棋子多项式的方法。

针对由集合 $\{1,2,\cdots,n\}$ 的全排列构成的集合 S（$|S| = n!$，此处假设 $n \geqslant 3$），定义 $2n$ 个性质：$P_{j,j}$ 和 $P_{j,(j \bmod n)+1}$，$j = 1,2,\cdots,n$，前者表示 j 在第 j 个位置上，后者表示 j 在第 $(j \bmod n)+1$ 个位置上。相应地，定义 $A_{j,j}$ 为满足性质 $P_{j,j}$ 的全排列的集合，定义 $A_{j,(j \bmod n)+1}$ 为满足性质 $P_{j,(j \bmod n)+1}$ 的全排列的集合。为便于叙述，给这些集合的下标对规定一个全序关系，或者说将它们映射到 1、2、$\cdots$、$2n$ 上，如下所示：

$$\frac{(1,1) \quad < \quad (1,2) \quad < \quad (2,2) \quad < \quad (2,3) \quad < \quad \cdots \quad < \quad (n,n) \quad < \quad (n,1)}{1 \qquad\quad 2 \qquad\quad 3 \qquad\quad 4 \qquad\quad \cdots \qquad 2n-1 \qquad\quad 2n}$$

其中，(j,j) 映射为 $2j-1$，$(j,(j \bmod n)+1)$ 映射为 $2j$，换句话说，给定一个 $l \in \{1,2,\cdots,2n\}$，则下标对中的 $j = \lceil \frac{l}{2} \rceil$。清楚了这样一个映射关系，下面再使用性质 $P_{-,-}$ 与相应集合 $A_{-,-}$ 时，其下标就用 1、2、$\cdots$、$2n$ 代替。由容斥原理得

$$U(n) = |S| - \sum_{l=1}^{2n} |A_l| + \sum_{1 \leqslant l_1 < l_2 \leqslant 2n} |A_{l_1} \cap A_{l_2}| - \cdots + (-1)^{2n} |A_1 \cap A_2 \cap \cdots \cap A_{2n}|$$

必须注意的是，$\forall l \in \{1,2,\cdots,2n\}$：$A_l \cap A_{(l \bmod 2n)+1} = \varnothing$，这是因为属于这种交集的一个全排列，要么意味着数字 $\lceil \frac{l}{2} \rceil$ 既在第 $\lceil \frac{l}{2} \rceil$ 个位置上又在第 $(\lceil \frac{l}{2} \rceil \bmod n)+1$ 个位置上（如 $A_3 \cap A_4 = A_{2,2} \cap A_{2,3}$ 中的一个全排列意味着 2 既在第 2 个位置上又在第 3 个位置上），要么意味着数字 $\lceil \frac{l}{2} \rceil$ 和数字 $\lceil \frac{(l \bmod 2n)+1}{2} \rceil$ 都在第 $\lceil \frac{(l \bmod 2n)+1}{2} \rceil$ 个位置上（如 $A_4 \cap A_5 = A_{2,3} \cap A_{3,3}$ 中的一个全排列意味着 2 和 3 都在第 3 个位置上），显然，这两种情况均不可能（称这些相交的情况为无效相交，其他情况为有效相交）。因此，这种无效相交的情况不必考虑（对计数值的贡献为 0），而只须考虑有效相交的情况。

另一值得注意的是，当上述计数公式中相交项超过 n 项时，由鸽巢原理知必存在无效相交，因此上述计数公式可以缩短为如下情形：

$$U(n) = |S| - \sum_{l=1}^{2n} |A_l| + \sum_{1 \leqslant l_1 < l_2 \leqslant 2n} |A_{l_1} \cap A_{l_2}| - \cdots$$

$$+ (-1)^n \sum_{1 \leqslant l_1 < l_2 < \cdots < l_n \leqslant 2n} |A_{l_1} \cap A_{l_2} \cap \cdots \cap A_{l_n}|$$

当然，给定 $1 < k \leqslant n$，在计算 $\sum_{1 \leqslant l_1 < l_2 < \cdots < l_k \leqslant 2n} |A_{l_1} \cap A_{l_2} \cap \cdots \cap A_{l_k}|$ 时，仍然存在无效相交的情况，但给定一个有效相交的情况 $A_{l_1} \cap A_{l_2} \cap \cdots \cap A_{l_k}$，该交集中全排列的个数即为除 $\{\lceil \frac{l_1}{2} \rceil, \lceil \frac{l_2}{2} \rceil, \cdots, \lceil \frac{l_k}{2} \rceil\}$ 之外的其他 $n-k$ 个数字的全排列的个数，即 $(n-k)!$。

目前，还要解决的问题是：$\sum_{1 \leqslant l_1 < l_2 < \cdots < l_k \leqslant 2n} |A_{l_1} \cap A_{l_2} \cap \cdots \cap A_{l_k}|$ 中有多少个有效相交的情况？从以下两个方面考虑：

（1）若一个有效相交中包含 A_1，则其他 $k-1$ 个集合的下标就对应从 $\{3, 4, \cdots, 2n-1\}$ 中取出长度为 $k-1$ 且跨度超过 1 的严格递增数列，由例 1.4 知共有

$$\binom{2n-3-(k-2)\cdot 1}{k-1} = \binom{2n-k-1}{k-1} \text{个}$$

（2）若一个有效相交中不包含 A_1，则这 k 个集合的下标就对应从 $\{2, 3, \cdots, 2n\}$ 中取出长度为 k 且跨度超过 1 的严格递增序列，共有

$$\binom{2n-1-(k-1)\cdot 1}{k} = \binom{2n-k}{k} \text{个}$$

因此，由加法原则知 $\sum_{1 \leqslant l_1 < l_2 < \cdots < l_k \leqslant 2n} |A_{l_1} \cap A_{l_2} \cap \cdots \cap A_{l_k}|$ 中有效相交的情况共有

$$\binom{2n-k-1}{k-1} + \binom{2n-k}{k} = \frac{2n}{2n-k}\binom{2n-k}{k} \text{个}$$

注：上式的推导使用了二项式系数吸收性，细节留作课下练习。因此，

$$\sum_{1 \leqslant l_1 < l_2 < \cdots < l_k \leqslant 2n} |A_{l_1} \cap A_{l_2} \cap \cdots \cap A_{l_k}| = \frac{2n}{2n-k}\binom{2n-k}{k}(n-k)!$$

当 $k = 0$ 和 $k = 1$ 时，该式的值分别为 $n!$ 和 $2n \cdot (n-1)!$，恰好与 $|S|$ 和 $\sum_{l=1}^{2n} |A_l|$ 的值相符。因此就有

$$U(n) = \sum_{k=0}^{n} (-1)^k \frac{2n}{2n-k}\binom{2n-k}{k}(n-k)! \tag{7.16}$$

注意：求式 (7.16) 时假设 $n \geqslant 3$，事实上，由该计数公式可求得 $U(1) = U(2) = 0$，与前面分析的结果一致，所以，该计数公式的 n 可以是任意正整数。

接下来使用棋子多项式求解二重错排计数问题。二重错排的棋盘如图 7.4（a）

所示，为直观理解，这些图展示的是 7×7 的棋盘，但叙述时按 $n \times n$，记其棋子多项式为 $\mathcal{G}_n(x)$。将图 7.4（a）中最左下角的阴影块看作关键阴影块，则形成两个子棋盘，如图 7.4（b）和（c）所示。对图 7.4（c）进行行列变化后得到等价的一个棋盘，如图 7.4（d）所示。显然图 7.4（b）和图 7.4（d）中的棋盘具有相同的模式，只是图 7.4（d）中的规模减小了。令 $g_n(x)$ 是图 7.4（b）中的棋盘的棋子多项式，则图 7.4（c）和图 7.4（d）中的棋盘的棋子多项式为 $g_{n-1}(x)$。因此，依据式 (7.15) 得

$$\mathcal{G}_n(x) = g_n(x) + xg_{n-1}(x) \tag{7.17}$$

接下来考察图 7.4（b）中棋盘，令最左上角的阴影块为关键阴影块，则形成 2 个子棋盘，如图 7.5（a）和（b）所示。显然，图 7.5（b）中的棋盘与图 7.4（d）中棋盘具有相同的模式与规模，所以其棋子多项式为 $g_{n-1}(x)$，而图 7.5（a）中的棋盘是一种新的模式，记其棋子多项式为 $f_n(x)$，它们之间则有如下关系：

$$g_n(x) = f_n(x) + xg_{n-1}(x) \tag{7.18}$$

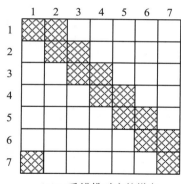

（a）二重错排对应的棋盘

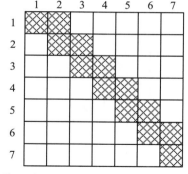

（b）将(a)中最左下角的阴影块看作关键阴影块后形成的棋盘1

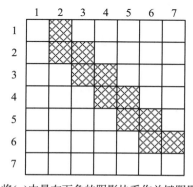

（c）将(a)中最左下角的阴影块看作关键阴影块后形成的棋盘2

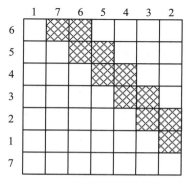

（d）行列变换(c)中棋盘后形成的等价棋盘，其模式与(b)中的一样

图 7.4 二重错排对应的棋盘及其子棋盘

类似地，考察图 7.5（a）中的棋盘，令第 1 行第 2 列上的阴影块为关键阴影块，则形成 2 个子棋盘，如图 7.5（c）和（d）所示。图 7.5（c）中的棋盘与图 7.5（b）中的棋盘有相同的模式与规模，因此其棋子多项式为 $g_{n-1}(x)$，图 7.5（d）中的棋盘与图 7.5（a）中的棋盘有相同的模式，但规模减小了，因此其棋子多项式为 $f_{n-1}(x)$，它们之间有如下关系：

$$f_n(x) = g_{n-1}(x) + xf_{n-1}(x) \tag{7.19}$$

式 (7.18) 和式 (7.19) 构成了一个递归关系，而其边界情况可以考虑 $g_3(x)$ 和 $f_3(x)$，分别如图 7.6（a）和（b）所示。容易求得 $g_3(x) = 1 + 5x + 6x^2 + x^3$、$f_3(x) = 1 + 4x + 3x^2$。由这一递归关系可以证明定理7.4。

定理 7.4（二重错排的棋子多项式） 已知 $n \geqslant 3$，则

$$g_n(x) = \sum_{k=0}^{n} \binom{2n-k}{k} x^k \tag{7.20}$$

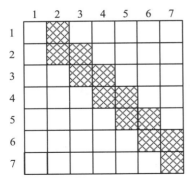

(a)图7.4(b)中左上角的阴影块看作关键阴影块所形成的棋盘1

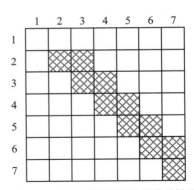

(b)图7.4(b)中左上角的阴影块看作关键阴影块所形成的棋盘2

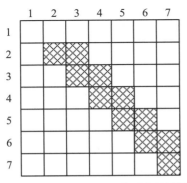

(c)将(a)中第1行第2列的阴影块看作关键阴影块后形成的棋盘1

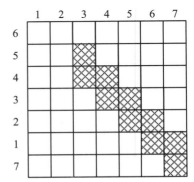

(d)将(a)中第1行第2列的阴影块看作关键阴影块后形成的棋盘2

图 7.5 二重错排的一些子棋盘

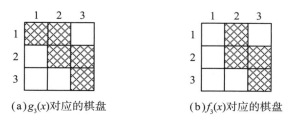

(a)$g_3(x)$对应的棋盘   (b)$f_3(x)$对应的棋盘

图 7.6 规模为3时的棋盘

$$f_n(x) = \sum_{k=0}^{n} \frac{2n-2k}{2n-k} \binom{2n-k}{k} x^k \tag{7.21}$$

$$\mathcal{G}_n(x) = \sum_{k=0}^{n} \frac{2n}{2n-k} \binom{2n-k}{k} x^k \tag{7.22}$$

证明： 利用归纳法证明前两个公式。依据式 (7.20) 和式 (7.21) 所求得的 $g_3(x)$ 和 $f_3(x)$ 与通过图 7.6（a）和（b）中的棋盘所求得的 $g_3(x)$ 和 $f_3(x)$ 完全一样。

假设 $t = 3, 4, \cdots, n-1$ 时 $g_t(x)$ 和 $f_t(x)$ 成立，考虑 $t = n$ 的情况。由 $f_n(x) = g_{n-1}(x) + x f_{n-1}(x)$ 可求得

$$f_n(x) = \sum_{k=0}^{n-1} \binom{2(n-1)-k}{k} x^k + x \sum_{k=0}^{n-1} \frac{2(n-1)-2k}{2(n-1)-k} \binom{2(n-1)-k}{k} x^k$$

$$= 1 + \sum_{k=1}^{n-1} \left(\binom{2n-k-2}{k} + \frac{2n-2k}{2n-k-1} \binom{2n-k-1}{k-1} \right) x^k$$

$$= 1 + \sum_{k=1}^{n-1} \left(\frac{(2n-2k)(2n-2k-1)}{(2n-k)(2n-k-1)} + \frac{k(2n-2k)}{(2n-k)(2n-k-1)} \right) \binom{2n-k}{k} x^k$$

$$= \sum_{k=0}^{n} \frac{2n-2k}{2n-k} \binom{2n-k}{k} x^k$$

由 $g_n(x) = f_n(x) + x g_{n-1}(x)$ 可求得

$$g_n(x) = \sum_{k=0}^{n} \frac{2n-2k}{2n-k} \binom{2n-k}{k} x^k + x \sum_{k=0}^{n-1} \binom{2(n-1)-k}{k} x^k$$

$$= 1 + \sum_{k=1}^{n} \left(\frac{2n-2k}{2n-k} \binom{2n-k}{k} + \binom{2n-k-1}{k-1} \right) x^k$$

$$= 1 + \sum_{k=1}^{n} \left(\frac{2n-2k}{2n-k} \binom{2n-k}{k} + \frac{k}{2n-k} \binom{2n-k}{k} \right) x^k$$

$$= \sum_{k=0}^{n} \binom{2n-k}{k} x^k$$

因此，$t = n$ 的情况也成立。再由关系式 $\mathcal{G}_n(x) = g_n(x) + x g_{n-1}(x)$ 可得

$$\mathcal{G}_n(x) = \sum_{k=0}^{n} \binom{2n-k}{k} x^k + x \sum_{k=0}^{n-1} \binom{2(n-1)-k}{k} x^k$$

$$= 1 + \sum_{k=1}^{n} \left(\binom{2n-k}{k} + \binom{2n-k-1}{k-1} \right) x^k$$

$$= \sum_{k=0}^{n} \frac{2n}{2n-k} \binom{2n-k}{k} x^k$$

注：上述式子推导过程中多次用到二项式系数的吸收性恒等式。

基于定理 7.3 和 7.4，利用棋子多项式 $\mathcal{G}_n(x)$ 所求得的二重错排数为

$$U(n) = \sum_{k=0}^{n} (-1)^k \frac{2n}{2n-k} \binom{2n-k}{k} (n-k)!$$

与前面直接使用容斥原理所求得的结果一致。

7.4　莫比乌斯反演

本小节介绍莫比乌斯反演与欧拉 totient 函数，并介绍它们在可重圆排列问题求解上的应用。莫比乌斯反演（Möbius inversion）[1]是数论中的重要内容，能够简化一些函数的计算。

当正整数 $n > 1$ 时，它被唯一分解为一组素因子的乘积[2]：

$$n = p_1^{l_1} p_2^{l_2} \cdots p_m^{l_m} \tag{7.23}$$

其中，p_1、p_2、$\cdots$、p_m 是互不相同的素数，$l_1 \geqslant 1$、$l_2 \geqslant 1$、$\cdots$、$l_m \geqslant 1$。此处，可以规定 $p_1 < p_2 < \cdots < p_m$。

---

① 莫比乌斯反演由莫比乌斯（August F. Möbius，1790–1868，德国数学家、天文学家）提出[1]。

② 这个性质通常称为算数基本定理（fundamental theorem of arithmetic），由欧几里得（Euclid，约公元前 330 年至约公元前 275 年，古希腊数学家）发现[84]。第6章中的齐肯多夫定理是正整数的另一种分解方式。

定义域为正整数集的莫比乌斯函数 $\mu(n)$ 定义如下：

$$\mu(n) = \begin{cases} 1 & n = 1 \\ 0 & \text{若式 (7.23) 中某个素数的幂次大于 1} \\ (-1)^m & l_1 = l_2 = \cdots = l_m = 1 \end{cases} \qquad (7.24)$$

例如，$28 = 2^2 \cdot 7$，所以 $\mu(28) = 0$；又如，$30 = 2 \cdot 3 \cdot 5$，所以 $\mu(30) = (-1)^3 = -1$；又如，$770 = 2 \cdot 5 \cdot 7 \cdot 11$，所以 $\mu(770) = (-1)^4 = 1$。

下面是莫比乌斯函数的两个累加特性。

性质 7.1 (莫比乌斯函数累加特性一) 已知正整数 n，则

$$\sum_{d|n} \mu(d) = [n = 1] \qquad (7.25)$$

其中，$[n = 1]$ 是艾佛森约定。

证明： 当 $n = 1$ 时结论显然成立。考虑 $n > 1$ 的情况，并令其具有式 (7.23) 所示的分解形式。令 $n^* = p_1 p_2 \cdots p_m$，则 n^* 的每个因子都是 n 的一个因子，但是，若 n 的某个因子 d 不是 n^* 的因子，则 d 的素因子分解中必存在某个素因子，其幂次大于 1，从而使得 $\mu(d) = 0$，因此有如下结论：

$$\begin{aligned} \sum_{d|n} \mu(d) = \sum_{d|n^*} \mu(d) &= 1 + \sum_{1 \leqslant k \leqslant m} \sum_{1 \leqslant j_1 < j_2 < \cdots < j_k \leqslant m} \mu(p_{j_1} p_{j_2} \cdots p_{j_k}) \\ &= 1 + \sum_{1 \leqslant k \leqslant m} \sum_{1 \leqslant j_1 < j_2 < \cdots < j_k \leqslant m} (-1)^k \\ &= 1 + \sum_{1 \leqslant k \leqslant m} (-1)^k \binom{m}{k} \\ &= \sum_{0 \leqslant k \leqslant m} (-1)^k \binom{m}{k} = 0 \end{aligned}$$

即 $n > 1$ 时结论也成立。注：上式推导中的最后一步使用奇偶互等性。

例如，$\sum_{d|28} \mu(d) = \sum_{d|14} \mu(d) = \mu(1) + \mu(2) + \mu(7) + \mu(14) = 1 - 1 - 1 + 1 = 0$。

性质 7.2 (莫比乌斯函数累加特性二) 已知正整数 n 和它的一个因子 d'，则

$$\sum_{d'|d \wedge d|n} \mu(\frac{d}{d'}) = [n = d'] \qquad (7.26)$$

其中，$[n = d']$ 是艾佛森约定。

证明： 该累加变量 d 的约束条件意味着它既是 d' 的整数倍又能整除 n。既然 d 是 d' 的整数倍，不妨令 $\frac{d}{d'} = k$，下面证明：

$$d'|d \wedge d|n \text{ 当且仅当 } k|\frac{n}{d'}$$

（充分性）因为 $k|\frac{n}{d'}$，所以存在正整数 j 使得 $kj = \frac{n}{d'}$，即 $n = kjd' = dj$，所以 d 整除 n。

（必要性）因为 $d|n$，所以存在正整数 j 使得 $jd = n$，所以 $jkd' = n$，即 $jk = \frac{n}{d'}$，所以 k 整除 $\frac{n}{d'}$。

有了上述等价的约束条件，则可得到

$$\sum_{d'|d \wedge d|n} \mu(\frac{d}{d'}) \xlongequal{\frac{d}{d'}=k} \sum_{k|\frac{n}{d'}} \mu(k) \xlongequal{\text{性质 7.1}} [\frac{n}{d'} = 1] = [n = d']$$

结论得证。

例如，$n = 28$，$d' = 2$，则 $\sum_{2|d \wedge d|28} \mu(\frac{d}{2}) = \mu(1) + \mu(2) + \mu(7) + \mu(14) = 0$。显然，性质 7.1 是性质 7.2 的一个推论，或者说式 (7.25) 是式 (7.26) 的一个特殊情况，即 $d' = 1$ 时的特殊情况。基于这两个性质可以证明莫比乌斯反演定理。

定理 7.5（莫比乌斯反演公式）　$f(n)$ 和 $g(n)$ 是定义在正整数集上的函数，则

$$f(n) = \sum_{d|n} g(d) = \sum_{d|n} g(\frac{n}{d}) \tag{7.27}$$

当且仅当

$$g(n) = \sum_{d|n} \mu(d) f(\frac{n}{d}) \tag{7.28}$$

证明： 因为 d 是 n 的一个因子当且仅当 $\frac{n}{d}$ 是 n 的一个因子，所以 $\sum_{d|n} g(d)$ 和 $\sum_{d|n} g(\frac{n}{d})$ 均表示 n 的所有因子的 g 函数值之和，因此 $\sum_{d|n} g(d) = \sum_{d|n} g(\frac{n}{d})$。

（必要性）已知式 (7.27) 成立，当 $\frac{n}{d}$ 是正整数时就有

$$f(\frac{n}{d}) = \sum_{d'|\frac{n}{d}} g(d')$$

因此，

$$\sum_{d|n} \mu(d) f(\frac{n}{d}) = \sum_{d|n} \mu(d) \sum_{d'|\frac{n}{d}} g(d') = \sum_{d|n} \sum_{d'|\frac{n}{d}} \mu(d) g(d') \overset{[\text{注}]}{=\!=\!=} \sum_{d'|n} \sum_{d|\frac{n}{d'}} \mu(d) g(d')$$

$$= \sum_{d'|n} g(d') \sum_{d|\frac{n}{d'}} \mu(d) \overset{\text{性质 7.1}}{=\!=\!=\!=} \sum_{d'|n} g(d') [\frac{n}{d'} = 1] = g(n)$$

注：该等号成立，或者说变量 d 和 d' 可以交换顺序而累加项不变，是因为在对应 d 和 d' 的行列阵上累加项沿主对角线呈对称性，如表 7.4 所示。

表 7.4 $\sum_{d|n} \sum_{d'|\frac{n}{d}} \mu(d) g(d')$ 的两个累加变量 d 和 d' 可以交换顺序的原因（d 在前 d' 在后时按行累加，而 d' 在前 d 在后时按列累加，此处以 $n = 28$ 为例）

累加项 d' / d	1	2	4	7	14	28
1	+	+	+	+	+	+
2	+	+		+	+	
4	+			+		
7	+	+	+			
14	+	+				
28	+					

（充分性）因为

$$g(n) = \sum_{d|n} \mu(d) f(\frac{n}{d}) \overset{\frac{n}{d} = d'}{=\!=\!=\!=} \sum_{d'|n} \mu(\frac{n}{d'}) f(d')$$

所以，

$$\sum_{d|n} g(d) = \sum_{d|n} \sum_{d'|d} \mu(\frac{d}{d'}) f(d') = \sum_{d'|n} \sum_{d'|d \wedge d|n} \mu(\frac{d}{d'}) f(d')$$

$$= \sum_{d'|n} f(d') \sum_{d'|d \wedge d|n} \mu(\frac{d}{d'}) \overset{\text{性质 7.2}}{=\!=\!=\!=} \sum_{d'|n} f(d') [n = d'] = f(n)$$

结论得证。

例 7.5（欧拉 totient 函数） 已知正整数 $n > 1$，问 $\{1, 2, \cdots, n\}$ 中与 n 互素的元素有多少？

解： 该问题通常称为欧拉 totient 函数（Euler's totient function）[①]，此处简称欧

[①] 该问题之所以称为欧拉 totient 函数，是因为欧拉最早对其进行了研究[85]，而 totient 之名是由西尔韦斯特（James J. Sylvester，1814–1897，英国数学家）创造的[86]。

拉函数，记为 $\varphi(n)$。令 n 的素因子分解形式如式 (7.23) 所示，令 A_k 为 $\{1, 2, \cdots, n\}$ 中是 p_k 的整数倍的那些元素的集合，$k = 1, 2, \cdots, m$，则

$$|A_k| = \frac{n}{p_k}$$

对任意的 $1 \leqslant j_1 < j_2 < \cdots < j_k \leqslant m$，因为 p_{j_1}、p_{j_2}、$\cdots$、p_{j_k} 两两互素，所以

$$|A_{j_1} \cap A_{j_2} \cap \cdots \cap A_{j_k}| = \frac{n}{p_{j_1} p_{j_2} \cdots p_{j_k}}$$

由容斥原理得

$$
\begin{aligned}
\varphi(n) &= |\overline{A_1} \cap \overline{A_2} \cap \cdots \cap \overline{A_m}| \\
&= n + \sum_{k=1}^{m} (-1)^k \sum_{1 \leqslant j_1 < j_2 < \cdots < j_k \leqslant m} |A_{j_1} \cap A_{j_2} \cap \cdots \cap A_{j_k}| \\
&= n + \sum_{k=1}^{m} (-1)^k \sum_{1 \leqslant j_1 < j_2 < \cdots < j_k \leqslant m} \frac{n}{p_{j_1} p_{j_2} \cdots p_{j_k}} \\
&= n(1 - \frac{1}{p_1})(1 - \frac{1}{p_2}) \cdots (1 - \frac{1}{p_m})
\end{aligned}
\tag{7.29}
$$

求解完毕。

例如，$\varphi(12) = 12(1 - \frac{1}{2})(1 - \frac{1}{3}) = 4$，规定 $\varphi(1) = 1$。

定理 7.6 给定正整数 n，则

$$\sum_{d \mid n} \frac{\mu(d)}{d} = \frac{\varphi(n)}{n} \tag{7.30}$$

证明：当 $n = 1$ 时结论显然成立。当 $n > 1$ 时，式 (7.29) 的推导过程已展示了其成立。当然，也可以令 n 的素因子分解形式如式 (7.23) 所示，令 $n^* = p_1 p_2 \cdots p_m$，则

$$
\begin{aligned}
\sum_{d \mid n} \frac{\mu(d)}{d} &= \sum_{d \mid n^*} \frac{\mu(d)}{d} = 1 + \sum_{k=1}^{m} \sum_{1 \leqslant j_1 < j_2 < \cdots < j_k \leqslant m} \frac{\mu(p_{j_1} p_{j_2} \cdots p_{j_k})}{p_{j_1} p_{j_2} \cdots p_{j_k}} \\
&= 1 + \sum_{k=1}^{m} \sum_{1 \leqslant j_1 < j_2 < \cdots < j_k \leqslant m} \frac{(-1)^k}{p_{j_1} p_{j_2} \cdots p_{j_k}} = \prod_{k=1}^{m} (1 - \frac{1}{p_k}) = \frac{\varphi(n)}{n}
\end{aligned}
$$

结论也成立。

令 $f(n) = n$，d 是 n 的一个因子，则 $f(\frac{n}{d}) = \frac{n}{d}$。将上述结论中的 $\varphi(n)$ 看作莫比乌斯反演公式中的 $g(n)$，则依据莫比乌斯反演可得推论7.1。

推论 7.1 给定正整数 n，则

$$n = \sum_{d|n} \varphi(d) \qquad (7.31)$$

这是很有趣的结论，意味着任一个正整数都等于它的所有因子的欧拉函数值之和。考察正整数 12 的如下 12 个分式：

$$\left\{ \frac{1}{12}, \frac{2}{12}, \frac{3}{12}, \frac{4}{12}, \frac{5}{12}, \frac{6}{12}, \frac{7}{12}, \frac{8}{12}, \frac{9}{12}, \frac{10}{12}, \frac{11}{12}, \frac{12}{12} \right\}$$

将其约简并按相同的分母分组，结果如下：

$$\left\{ \frac{1}{1} \right\}、\left\{ \frac{1}{2} \right\}、\left\{ \frac{1}{3} \right\}、\left\{ \frac{1}{4}, \frac{3}{4} \right\}、\left\{ \frac{1}{6}, \frac{5}{6} \right\}、\left\{ \frac{1}{12}, \frac{5}{12}, \frac{7}{12}, \frac{11}{12} \right\}$$

显然，每一组的元素个数即为该组中分母所对应的欧拉函数值，而这些分母恰好为 12 的所有因子，符合式 (7.31)。

例 7.6 (可重圆排列计数问题) 已知 $m \geq 1$、$n \geq 1$，问集合 $\{1, 2, \cdots, m\}$ 的 n–元可重圆排列有多少？

解： 如果一个可重圆排列（repetitive circular permutation）[①]由长度为 d 的线排列重复若干次形成的，则最小的 d 称为该可重圆排列的周期。例如可重圆排列

$$1\text{–}2\text{–}3\text{–}1\text{–}2\text{–}3\text{–}1\text{–}2\text{–}3\text{–}1\text{–}2\text{–}3\text{–}1\text{–}2\text{–}3\text{–}1\text{–}2\text{–}3$$

可以看作由长度为 6 的线排 1–2–3–1–2–3 重复 3 次形成的，但 6 并不是该可重圆排列的周期，因为它还可以看作长度更小的线排列 1–2–3 重复了 6 次而形成的，因此它的周期是 3，长度为 18（即它是一个 18–元可重圆排列）。

集合 $\{1, 2, \cdots, m\}$ 的 n–元可重圆排列数记为 $Z(m, n)$，令 $g(m, d)$ 表示该集合的长度为 d 且周期也为 d 的可重圆排列数，显然有如下关系：

$$Z(m, n) = \sum_{d|n} g(m, d)$$

[①]可重圆排列计数问题，又称项链计数问题（counting necklaces problem）：由 n 颗珠子串成的项链用 m 种颜色着色，可着成多少个不同的项链？该问题通常使用波利亚计数定理（Pólya's counting theorem）或伯恩赛德计数定理（Burnside's counting theorem）解决，见下一章。编者所查到的较早使用莫比乌斯反演求解的方法来自文献 [87]。

这是因为长度为 n、周期为 d 的可重圆排列与长度为 d、周期为 d 的可重圆排列一一对应（后者重复 $\frac{n}{d}$ 次就得到前者），即长度为 n、周期为 d 的可重圆排列数也是 $g(m,d)$，下面只须求 $g(m,d)$ 即可。

由于一个长度为 n、周期为 d 的可重圆排列对应 d 个不同的线排列，所以长度为 n、周期为 d 的所有可重圆排列就对应 $dg(m,d)$ 个不同的线排列，进而考虑 n 的所有因子 d 就得到长度为 n 的所有线排列，即

$$\sum_{d|n} dg(m,d) = m^n$$

进而由莫比乌斯反演公式可得

$$ng(m,n) = \sum_{d|n} \mu(d) m^{\frac{n}{d}}$$

所以

$$g(m,n) = \frac{1}{n} \sum_{d|n} \mu(d) m^{\frac{n}{d}}$$

将其代入 $Z(m,n)$ 中可得

$$Z(m,n) = \sum_{d|n} \frac{1}{d} \sum_{d'|d} \mu(d') m^{\frac{d}{d'}} \tag{7.32}$$

求解完毕。

7.5　应用：非对称旅行商问题

旅行商问题（traveling salesman problem，TSP）[①]是一个经典的 NP–完全问题，可以表述为：一个推销员到若干城市推销商品，从一个城市出发，经过所有城市后回到出发城市，除出发城市外每个城市只经过一次，则如何选择旅行路线使总的代价最小（如行程最短）？该问题可以抽象为：在一个加权图中找一个代价最小的哈密尔顿回路（Hamiltonian cycle）[②]。一个回路的代价（cost）是指该回路上所有边的权重之和，而一个顶点代表一个城市。由于该问题的可行解是所有顶点的全排列，因此随着顶点数的增加，会产生组合爆炸。

[①] 该问题的提出者并不十分清楚，一般认为由门格尔（Carl Menger，1840–1921，奥地利经济学家、数学家）提出[88]。

[②] 该问题最早由哈密尔顿（William R. Hamilton，1805–1865，英国天文学家、数学家）形式化定义，但类似的问题可以追溯到古老的骑士巡游问题（knight's tour problem）[89]。

有两类求解方式：一是精确求解，但耗时多，当顶点过多时，难以在有效的时间内给出解；二是启发式求解，速度快，但未必给出代价最小的解。此处介绍的基于成函数的方法[①]属于前一类求解方式。这里考虑含有 n 个顶点的加权有向完全图[②]，即任意两个不同的顶点 k 和 l 之间都存在 2 条有向边 (k, l) 和 (l, k)，且它们的权重可以不同，图 7.7（a）展示了一个加权有向完全图。非对称旅行商问题（asymmetric TSP）就是求一个加权有向完全图的代价最小的哈密尔顿回路。

给定一个含有 n 个顶点的加权有向完全图，顶点（城市）编号为 1、2、$\cdots$、n，这里始终假设从编号为 1 的城市出发。一个 n–城旅行（n–city trip）用城市的编号表示为 j_1–j_2–$\cdots$–j_n，此处，$j_1 = 1$，且 $\forall k \in \{1, \cdots, n-1\}$：$j_k \neq j_{k+1}$，$j_n \neq j_1$。一个 n–城旅行中允许某个城市可以被多次访问，并且这里使用了圆排列的表示形式，则意味着最后从城市 j_n 返回城市 1。n–城旅行 j_1–j_2–$\cdots$–j_n 被称为一个 n–城巡游（n–city tour），当且仅当 $j_1 = 1$ 且 $j_2 \cdots j_n$ 是 $\{2, \cdots, n\}$ 的一个全排列。一个 n–城巡游即为一条哈密尔顿回路，反之亦然，因此共有 $(n-1)!$ 条，显然，为求代价最小的哈密尔顿回路而枚举这么多条是不现实的。

W 表示加权有向完全图的权重矩阵，即 $W(k, l)$ 表示从城市 k 到城市 l 的旅行代价，如图 7.7（b）所示。

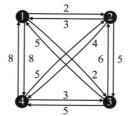

$$
\begin{array}{cccc}
 & 1 & 2 & 3 & 4 \\
1 & \begin{bmatrix} 0 \\ 3 \\ 5 \\ 8 \end{bmatrix} & \begin{matrix} 2 \\ 0 \\ 6 \\ 5 \end{matrix} & \begin{matrix} 2 \\ 5 \\ 0 \\ 3 \end{matrix} & \begin{matrix} 8 \\ 4 \\ 5 \\ 0 \end{matrix} \end{array}
$$

（a）有 4 个顶点的加权有向完全图　　　（b）权重矩阵

图 7.7 TSP 问题求解的一个示例

基于权重矩阵，定义如下 3 个矩阵：

$$
f_{\text{out}}(x) = \begin{bmatrix} x^{W(1,2)}, & x^{W(1,3)}, & \cdots, & x^{W(1,n)} \end{bmatrix}
$$

$$
f_{\text{me}}(x) = \begin{bmatrix}
0 & x^{W(2,3)} & \cdots & x^{W(2,n)} \\
x^{W(3,2)} & 0 & \cdots & x^{W(3,n)} \\
\vdots & \vdots & \vdots & \vdots \\
x^{W(n,2)} & x^{W(n,3)} & \cdots & 0
\end{bmatrix}
$$

[①] 该方法选自文献 [90]。
[②] 若不是一个完全图，则不存在有向边的两个顶点之间可以增加一条有向边，而边上的权重可以设为一个较大的值，譬如大于原图中所有边权重的和的某个值。

$$f_{\text{in}}(x) = \begin{bmatrix} x^{W(2,1)} \\ x^{W(3,1)} \\ \vdots \\ x^{W(n,1)} \end{bmatrix}$$

此处，f_{out} 刻画了从城市 1 到其他城市的代价，f_{in} 刻画了从其他城市到城市 1 的代价，而 f_{me} 刻画了除城市 1 外其他城市间相互到达的代价。

首先，构建 n–城旅行的生成函数，如下：

$$g(x) = f_{out}(x)(f_{me}(x))^{n-2} f_{in}(x) \tag{7.33}$$

右边按矩阵乘展开后（合并同类项前）的每一个代价项

$$x^{W(1,j_2)+W(j_2,j_3)+\cdots+W(j_{n-1},j_n)+W(j_n,1)}$$

的幂次代表 n–城旅行 1–j_2–j_3–$\cdots$–j_n 的代价，合并同类项后所得到的形式假设为

$$g(x) = a_1 x^{c_1} + a_2 x^{c_2} + \cdots + a_m x^{c_m} \tag{7.34}$$

这意味着代价为 c_k 的 n–城旅行有 a_k 个，$k = 1, 2, \cdots, m$。显然，$g(x)$ 中包含了所有 n–城巡游的情况，而一个从城市 1 出发的 n–城巡游（哈密尔顿回路）就对应 $\{2, 3, \cdots, n\}$ 的一个全排列，反之亦然。所以，n–城巡游的生成函数可表达为

$$\mathcal{G}(x) = \sum_{\sigma \in S} x^{w(\sigma)} \tag{7.35}$$

其中，S 是 $\{2, 3, \cdots, n\}$ 的所有全排列的集合。

为便于叙述，一个全排列 $\sigma \in S$ 的第一个元素记为 $\sigma(2)$、第二个元素记为 $\sigma(3)$、$\cdots$、第 $n-1$ 个元素记为 $\sigma(n)$，则

$$w(\sigma) = W(1, \sigma(2)) + \sum_{j=2}^{n-1} W(\sigma(j), \sigma(j+1)) + W(\sigma(n), 1)$$

前面已指出，并不希望枚举 S 中的这 $(n-1)!$ 个全排列来寻找代价最小的哈密尔顿回路，而是希望探讨 $\mathcal{G}(x)$ 与 $g(x)$ 的关系，然后利用矩阵运算的形式来处理。$g(x)$ 中包含了所有 n–城巡游的情况，显然，将非巡游的情况从中剔除则剩余的就是所有巡游的情况。为此，考虑任一 $(n-1)$–维的 0–1 向量 $B = (b_2, b_3, \cdots, b_n)$，重新构造 f_{me} 和 f_{in}，如下：

$$f_{\mathrm{me}}(x, B) = \begin{bmatrix} 0 & b_2 x^{W(2,3)} & \cdots & b_2 x^{W(2,n)} \\ b_3 x^{W(3,2)} & 0 & \cdots & b_3 x^{W(3,n)} \\ \vdots & \vdots & \vdots & \vdots \\ b_n x^{W(n,2)} & b_n x^{W(n,3)} & \cdots & 0 \end{bmatrix}$$

$$f_{\mathrm{in}}(x, B) = \begin{bmatrix} b_2 x^{W(2,1)} \\ b_3 x^{W(3,1)} \\ \vdots \\ b_n x^{W(n,1)} \end{bmatrix}$$

给定一个 **0–1** 向量 B，基于 $f_{\mathrm{out}}(x)$、$f_{\mathrm{me}}(x, B)$ 和 $f_{\mathrm{in}}(x, B)$ 就可以构造一个生成函数

$$g(x, B) = f_{\mathrm{out}}(x)(f_{\mathrm{me}}(x, B))^{n-2} f_{\mathrm{in}}(x, B) \tag{7.36}$$

当 B 是全 1 向量 $(1, 1, \cdots, 1)$ 时，$f_{\mathrm{me}}(x, B)$ 与 $f_{\mathrm{in}}x, B)$ 则为前面所定义的 $f_{\mathrm{me}}(x)$ 与 $f_{\mathrm{in}}(x)$，而 $g(x, B)$ 则为前面所定义的 $g(x)$。为便于理解，下面针对图 7.7 所示的例子，考虑 $B = (b_2, b_3, b_4) = (1, 0, 1)$ 的情况。为更清楚地展示路径，此处在矩阵的每个元素下方列出对应的路径：

$$g(x, B) = \begin{bmatrix} \frac{x^2}{1 \to 2}, & \frac{x^2}{1 \to 3}, & \frac{x^8}{1 \to 4} \end{bmatrix} \begin{bmatrix} 0 & \frac{x^5}{2 \to 3} & \frac{x^4}{2 \to 4} \\ 0 & 0 & 0 \\ \frac{x^5}{4 \to 2} & \frac{x^4}{4 \to 3} & 0 \end{bmatrix}^2 \begin{bmatrix} \frac{x^3}{2 \to 1} \\ 0 \\ \frac{x^8}{4 \to 1} \end{bmatrix}$$

$$= \begin{bmatrix} \frac{x^{13}}{1 \to 4 \to 2}, & \frac{x^7}{1 \to 2 \to 3} + \frac{x^{12}}{1 \to 4 \to 3}, & \frac{x^6}{1 \to 2 \to 4} \end{bmatrix} \begin{bmatrix} 0 & \frac{x^5}{2 \to 3} & \frac{x^4}{2 \to 4} \\ 0 & 0 & 0 \\ \frac{x^5}{4 \to 2} & \frac{x^4}{4 \to 3} & 0 \end{bmatrix} \begin{bmatrix} \frac{x^3}{2 \to 1} \\ 0 \\ \frac{x^8}{4 \to 1} \end{bmatrix}$$

$$= \begin{bmatrix} \frac{x^{11}}{1 \to 2 \to 4 \to 2}, & \frac{x^{18}}{1 \to 4 \to 2 \to 3} + \frac{x^{10}}{1 \to 2 \to 4 \to 3}, & \frac{x^{17}}{1 \to 4 \to 2 \to 4} \end{bmatrix} \begin{bmatrix} \frac{x^3}{2 \to 1} \\ 0 \\ \frac{x^8}{4 \to 1} \end{bmatrix}$$

$$= \frac{x^{14}}{1 \to 2 \to 4 \to 2 \to 1} + \frac{x^{25}}{1 \to 4 \to 2 \to 4 \to 1}$$

通过上例及前面的定义可以总结出以下结论：

（1）$g(x)$ 的展开式，或者说全 1 的 B 对应的 $g(x, B)$ 的展开式，表示了所有的 n–城旅行（含 n–城巡游），如果像上例那样将旅行的路径写在对应代价项的下方的话，则每个 n–城旅行在该展开式中都出现了一次且仅一次。

（2）当 B 中有一个元素为 0 时（譬如上例中的 $b_3 = 0$），生成函数 $g(x, B)$ 所表示的每个 n-城旅行都不含对应的城市（譬如城市 3），并且每个 n-城巡游不会出现在任何含 0 的 B 所对应的生成函数 $g(x, B)$ 的展开式中。

（3）对每一个非巡游的 n-城旅行，都存在一个含 0 的 B 使得该 n-城旅行出现在 $g(x, B)$ 中，这是因为：可以令出现在该 n-城旅行中的城市所对应的 B 中的元素为 1，而其他元素为 0，则该 n-城旅行就出现在 $g(x, B)$ 的展开式中。

基于上述结论，可以从 $g(x)$ 中减去含 0 的 B 所对应的生成函数，这样作差能保证所有的 n-城巡游保留其中、而所有的 n-城旅行均被剔除，但技术上存在如下问题：一些 n-城旅行的代价项被重复减去，这是由于不同的含 0 的 B 所对应的生成函数可能包含相同的 n-城旅行。幸运的是，使用容斥原理恰好能解决该问题。

定理 7.7 (n-城巡游生成函数)　令 $\partial(B)$ 表示向量 B 中 0 的个数，则

$$\mathcal{G}(x) = \sum_{B=(0,0,\cdots,0)}^{(1,1,\cdots,1)} (-1)^{\partial(B)} g(x, B) \tag{7.37}$$

证明：式 (7.37) 右边可以写成 $g_0(x) - g_1(x) + \cdots + (-1)^{n-1} g_{n-1}(x)$，其中，

$$g_k(x) = \sum_{B=(0,0,\cdots,0)}^{(1,1,\cdots,1)} [\partial(B) = k] g(x, B) = \sum_{\partial(B)=k} g(x, B)$$

$k = 0, 1, \cdots, n-1$，$[\partial(B) = k]$ 是艾佛森约定。也就是说，$g_k(x)$ 是含有 k 个 0 的那些 B 所对应的生成函数之和，显然 $g_0(x) = g(x)$。下面只须考虑任一非巡游的 n-城旅行，如果证明它对 $g_0(x) - g_1(x) + \cdots + (-1)^{n-1} g_{n-1}(x)$ 的贡献为 0，则结论得证。假设出现在一个非巡游的 n-城旅行中的城市个数为 l（出现多次的只须统计 1 次），显然，$2 \leqslant l \leqslant n-1$，则该 n-城旅行在 $g_0(x)$ 的展开式中出现了 1 次，在 $g_1(x)$ 的展开式中出现了 $\binom{n-l}{1}$ 次，在 $g_2(x)$ 的展开式中出现了 $\binom{n-l}{2}$ 次，如此下去，直至考虑到 $g_{n-l}(x)$ 即可，在其展开式中出现了 $\binom{n-l}{n-l}$ 次，因此它的贡献值为

$$1 - \binom{n-l}{1} + \binom{n-l}{2} - \cdots + (-1)^{n-l} \binom{n-l}{n-l} = 0$$

结论得证。注：最后的式子值为 0，是利用了二项式系数的奇偶互等性。

按照以上结论可以直接求出 $\mathcal{G}(x)$，然后代价项最小的幂次即为 TSP 的解。但是，如此去求的话，会花费很多的存储空间，譬如上例中第一次运算后的行向量

的第二个元素 $x^7 + x^{12}$ 的 7 和 12 均要单独存储。事实上，通过设置 x 为一个趋近于 0 的正实数就可以计算出一个非常接近切解的值（这个值通常在实际工程应用中已经足够了），如定理7.8所示。

定理 7.8 令 $\mathcal{G}(x) = a_1 x^{w_1} + a_2 x^{w_2} + \cdots + a_r x^{w_r}$，系数 a_k 为正整数，幂次 w_k 为实数，$k = 1, 2, \cdots, r$，且 $w_1 < w_2 < \cdots < w_r$，即 w_1 为最小代价，则

$$w_1 = \lim_{x \to 0^+} \frac{\log \mathcal{G}(x)}{\log x} \tag{7.38}$$

由以上定理可以给出如下求解步骤：

步骤1：对 x 赋值一个趋近于 0 的正实数。

步骤2：计算 $\mathcal{G}(x) = \sum_{B=(0,0,\cdots,0)}^{(1,1,\cdots,1)} (-1)^{\partial(B)} g(x, B)$。

步骤3：计算 $\frac{\log \mathcal{G}(x)}{\log x}$。

如图 7.7 所示的例子，令 $x = 0.1$，则计算出的结果为 13.958，令 $x = 0.01$，则计算出的结果为 13.998，与实际的 14 非常接近，对应的哈密尔顿回路为 $1 \to 2 \to 4 \to 3 \to 1$。

习　　题

1. 使用容斥原理证明定理7.2，并证明 $I(n) = D(n) + D(n-1)$。

2. 证明 $\langle D(n) \rangle_{n \geqslant 0}$ 的指数型生成函数为

$$\frac{1}{1-x} e^{-x} = \sum_{n=0}^{\infty} D(n) \frac{x^n}{n!}$$

并证明由该生成函数可以构造出式 (7.3) 和式 (7.4)，其中 $D(n)$ 是错排计数公式 (7.2) 且规定 $D(0) = 1$。

3. 定理 7.2 考虑禁止模式 "12"、"23"、$\cdots$、"$(n-1)n$"，如果再增加一个禁止模式 "$n1$"，计数公式将如何？（提示：可阅读文献 [91]）

4. 可将错排计数问题一般化[①]：n–元集合 $\{1, 2, \cdots, n\}$ 的 k–元排列数，要求

[①] 这个一般化的问题源自蒙特莫特的工作，后来欧拉从递归的角度着手研究，而拉普拉斯给出了一般化的表述[92]。

每个这种排列恰好有 r 个元素在其自然位置上，$n \geqslant k \geqslant r$，这个排列数记为 $D(n,k,r)$。显然，$D(n,n,0)$ 即为本章所讲的错排数 $D(n)$。

（1）使用容斥原理证明：

$$D(n,k,0) = \frac{1}{(n-k)!} \sum_{j=0}^{k} (-1)^j \binom{k}{j} (n-j)!$$

（2）证明如下递归关系成立：

$$D(n,k,r) = \binom{k}{r} D(n-r, k-r, 0)$$

（3）基于 (1) 和 (2) 证明：

$$D(n,k,r) = \frac{\binom{k}{r}}{(n-k)!} \sum_{j=0}^{k-r} (-1)^j \binom{k-r}{j} (n-r-j)!$$

5. 寻找图 7.1（b）中小棋盘 Ch_1 的一个关键阴影块，并利用它求解 Ch_1 的棋子多项式。

6. 将二重错排计数问题中所构造的棋子多项式 $g_n(x)$ 与 $f_n(x)$ 的系数构造成一个三角形（类似于杨辉三角形，$n = 2, 3, 4, \cdots$），写出该三角形的递归关系。

7. 证明式 (7.32) 可被转化为：

$$Z(m,n) = \frac{1}{n} \sum_{d|n} \varphi(d) m^{\frac{n}{d}}$$

8. 理论分析本章所讲的 TSP 求解方法的时间与空间复杂度，编程实现该方法。另外，因为矩阵运算可以并行化，所以试编写并行计算的程序。

9. 利用最后一节所讲方法求图 7.8 的最小哈密尔顿回路。

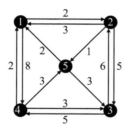

图 7.8 有 5 个顶点的加权有向图

第8章　伯恩赛德计数定理和波利亚计数定理

本章介绍置换群，以及基于置换群的伯恩赛德计数定理和波利亚计数定理，并通过一个逻辑电路设计中的等价电路问题展示波利亚计数定理的应用。

8.1　置换群

本节先简单介绍与群（group）有关的概念、性质、符号等。

定义 8.1（群）　给定集合 S 和定义在其上的二元运算 $\bullet$，如果满足以下条件，则称 $(S, \bullet)$ 是一个群：

（1）封闭性（closure），即 $\forall a, b \in S$：$a \bullet b \in S$。

（2）结合律（associativity），即 $\forall a, b, c \in S$：$(a \bullet b) \bullet c = a \bullet (b \bullet c)$。

（3）有单位元（identity），即 $\exists i \in S$，$\forall a \in S$：$a \bullet i = i \bullet a = a$，称 i 为单位元。

（4）有逆元（inverse），即 $\forall a \in S$，$\exists b \in S$：$a \bullet b = b \bullet a = i$，称 b 为 a 的逆元，通常用 a^{-1} 表示 a 的逆元。

显然，一个群中，单位元是唯一的，一个元素的逆元也是唯一的。给定群 $(S, \bullet)$ 和 S 的子集 S'，若 $(S', \bullet)$ 也是一个群，则称 $(S', \bullet)$ 是 $(S, \bullet)$ 的一个子群。

定义 8.2（置换）　有限集合 A 上的一个一一映射称为 A 的一个置换。

为方便，下面就以有限集合 $A = \{1, 2, \cdots, n\}$ 上的置换来叙述。令 σ 是 A 上的一个置换，则 $\sigma(1)\sigma(2)\cdots\sigma(n)$ 为 A 的一个全排列，所以 A 上的置换共有 $n!$ 个，这 $n!$ 个置换构成的集合记为 $\mathbb{A}$。$\{1, 2, \cdots, n\}$ 上的一个置换 σ 通常写成如下形式：

$$\begin{pmatrix} 1 & 2 & \cdots & n \\ \sigma(1) & \sigma(2) & \cdots & \sigma(n) \end{pmatrix}$$

例如，$\{1,2,3\}$ 上的置换共有如下 6 个：

$$\begin{pmatrix} 1 & 2 & 3 \\ 1 & 2 & 3 \end{pmatrix}、\begin{pmatrix} 1 & 2 & 3 \\ 1 & 3 & 2 \end{pmatrix}、\begin{pmatrix} 1 & 2 & 3 \\ 2 & 1 & 3 \end{pmatrix}、$$

$$\begin{pmatrix} 1 & 2 & 3 \\ 2 & 3 & 1 \end{pmatrix}、\begin{pmatrix} 1 & 2 & 3 \\ 3 & 1 & 2 \end{pmatrix}、\begin{pmatrix} 1 & 2 & 3 \\ 3 & 2 & 1 \end{pmatrix}$$

定义 A 上两个置换 σ_1 和 σ_2 的复合运算 $\bullet$ 如下：

$$\forall a \in A: \ (\sigma_1 \bullet \sigma_2)(a) \triangleq \sigma_1(\sigma_2(a))$$

例如，下面是两个置换复合运算的结果：

$$\begin{pmatrix} 1 & 2 & 3 \\ 1 & 3 & 2 \end{pmatrix} \bullet \begin{pmatrix} 1 & 2 & 3 \\ 2 & 3 & 1 \end{pmatrix} = \begin{pmatrix} 1 & 2 & 3 \\ 3 & 2 & 1 \end{pmatrix}$$

$$\begin{pmatrix} 1 & 2 & 3 \\ 2 & 3 & 1 \end{pmatrix} \bullet \begin{pmatrix} 1 & 2 & 3 \\ 1 & 3 & 2 \end{pmatrix} = \begin{pmatrix} 1 & 2 & 3 \\ 2 & 1 & 3 \end{pmatrix}$$

通过上例也可以看到，通常情况下 $\sigma_1 \bullet \sigma_2 \neq \sigma_2 \bullet \sigma_1$，即复合运算不满足交换律，但容易证明复合运算在集合 $\mathbb{A}$ 上满足封闭性与结合律，有单位元，且每个元素有逆元，因此，$(\mathbb{A}, \bullet)$ 是一个群，该证明留作课下作业。

$(\mathbb{A}, \bullet)$ 的任一子群被称为 A 上的一个置换群（permutation group）[①]，一个置换群的单位元是恒等置换（identity permutation），即每个元素映射为自身的置换，而置换 σ 的逆元满足：$\forall j \in A$，若 $\sigma(j) = k$，则 $\sigma^{-1}(k) = j$。例如，

$$\begin{pmatrix} 1 & 2 & 3 \\ 2 & 3 & 1 \end{pmatrix}$$

的逆元为

$$\begin{pmatrix} 2 & 3 & 1 \\ 1 & 2 & 3 \end{pmatrix} \xt019{改变书写顺序} \begin{pmatrix} 1 & 2 & 3 \\ 3 & 1 & 2 \end{pmatrix}$$

在介绍第一类斯特林数时曾指出：一个置换对应一组圆排列，下面用另一种形式来表示这个结论，即轮换（rotation）。

定义 8.3（轮换） 设 σ 是有限集合 A 的一个置换，若 A 中存在 k 个不同元素 j_1、j_2、$\cdots$、j_k 满足 $\sigma(j_1) = j_2$、$\sigma(j_2) = j_3$、$\cdots$、$\sigma(j_{k-1}) = j_k$、$\sigma(j_k) = j_1$，而其

[①] 置换群是群论中最早被研究的，开创者包括伽罗瓦（Évariste Galois，1811–1832，法国数学家）、柯西（Augustin-Louis Cauchy，1789–1857，法国数学家）、阿贝尔（Niels Henrik Abel，1802–1829，挪威数学家）等。

他的 $n-k$ 个元素在 σ 中置换为自身，则称 σ 为 A 的一个长度为 k 的轮换，简记为 $(j_1 j_2 \cdots j_k)$。

从定义中可以看出，轮换就是以圆排列为基础的，是一类特殊的置换。例如，以下是 2 个定义在 $\{1,2,3,4,5,6,7\}$ 上的轮换：

$$(1\ 4\ 2) = \begin{pmatrix} 1 & 2 & 3 & 4 & 5 & 6 & 7 \\ 4 & 1 & 3 & 2 & 5 & 6 & 7 \end{pmatrix} \qquad (3\ 7) = \begin{pmatrix} 1 & 2 & 3 & 4 & 5 & 6 & 7 \\ 1 & 2 & 7 & 4 & 5 & 6 & 3 \end{pmatrix}$$

如果两个轮换的简写形式中不存在相同的元素，则称这两个轮换不相交。易证，两个不相交的轮换的复合运算满足交换律，而一个置换可以表示为一组不相交的轮换的复合，其证明留作课下作业。

长度为 1 的轮换就是恒等置换，例如置换

$$\begin{pmatrix} 1 & 2 & 3 & 4 & 5 & 6 & 7 \\ 4 & 1 & 7 & 2 & 5 & 6 & 3 \end{pmatrix} = (1\ 4\ 2) \bullet (3\ 7) \bullet (5) \bullet (6)$$

由 2 个长度为 1、1 个长度为 2、1 个长度为 3 的共 4 个轮换复合而成，通常被称为是 $1^2 2^1 3^1$ 型的置换（基底代表轮换的长度，幂次代表这样长度的轮换的数目），而这 4 个轮换称为该置换的轮换因子。为简便，复合运算表达式中的运算符 $\bullet$ 通常省略不写，并且用 $\&(\sigma)$ 表示置换 σ 的轮换因子的个数。

例 8.1（正方形顶点着色） 用黑白两色为正方形的 4 个顶点着色，共 16 种方案，这些方案分别编号为 f_1、f_2、$\cdots$、f_{16}，如图 8.1 所示。求这些方案在正方形的旋转、翻转、扭转情况下所构成的置换。

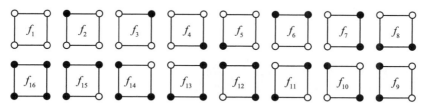

图 8.1 正方形 4 个顶点着黑白色的 16 种方案（实心表示着黑色，空心为白色）

解： 共形成以下 8 个置换：

（1）旋转 $0°$、翻转 $0°$、扭转 $0°$，均为 1^{16} 型的恒等置换：

$$\sigma_0 = (f_1)(f_2)(f_3)(f_4)(f_5)(f_6)(f_7)(f_8)(f_9)(f_{10})(f_{11})(f_{12})(f_{13})(f_{14})(f_{15})(f_{16})$$

（2）以中心点为圆心顺时针旋转 $90°$，则为 $1^2 2^1 4^3$ 型的置换：

$$\sigma_1 = (f_1)(f_{16})(f_2 f_3 f_4 f_5)(f_6 f_7 f_8 f_9)(f_{10} f_{11})(f_{12} f_{13} f_{14} f_{15})$$

（3）以中心点为圆心顺时针旋转 $180°$，则为 $1^4 2^6$ 型的置换：

$$\sigma_2 = (f_1)(f_{10})(f_{11})(f_{16})(f_2 f_4)(f_3 f_5)(f_6 f_8)(f_7 f_9)(f_{12} f_{14})(f_{13} f_{15})$$

（4）以中心点为圆心顺时针旋转 $270°$，则为 $1^2 2^1 4^3$ 型的置换：

$$\sigma_3 = (f_1)(f_{16})(f_2 f_5 f_4 f_3)(f_6 f_9 f_8 f_7)(f_{10} f_{11})(f_{12} f_{15} f_{14} f_{13})$$

（5）以左右两边的中垂线为轴翻转 $180°$，则为 $1^4 2^6$ 型的置换：

$$\sigma_4 = (f_1)(f_7)(f_9)(f_{16})(f_2 f_5)(f_3 f_4)(f_6 f_8)(f_{10} f_{11})(f_{12} f_{13})(f_{14} f_{15})$$

（6）以上下两边的中垂线为轴翻转 $180°$，则为 $1^4 2^6$ 型的置换：

$$\sigma_5 = (f_1)(f_6)(f_8)(f_{16})(f_2 f_3)(f_4 f_5)(f_7 f_9)(f_{10} f_{11})(f_{12} f_{15})(f_{13} f_{14})$$

（7）以左上右下两点的对角线为轴扭转 $180°$，则为 $1^8 2^4$ 型的置换：

$$\sigma_6 = (f_1)(f_2)(f_4)(f_{10})(f_{11})(f_{13})(f_{15})(f_{16})(f_3 f_5)(f_6 f_9)(f_7 f_8)(f_{12} f_{14})$$

（8）以右上左下两点的对角线为轴扭转 $180°$，则为 $1^8 2^4$ 型的置换：

$$\sigma_7 = (f_1)(f_3)(f_5)(f_{10})(f_{11})(f_{12})(f_{14})(f_{16})(f_2 f_4)(f_6 f_7)(f_8 f_9)(f_{13} f_{15})$$

可以验证（留作课下作业），上述 8 个置换构成一个置换群，σ_0 是单位元。

通常关心的一个问题是：图 8.1 中的 16 种着色方案中有些是相同的，只不过是观察的角度不同而已，可以经过旋转或翻转等变为同一个，那么，上述置换群是否对实际的着色方案（数）的求解有帮助呢？答案是肯定的，下一节给出如何利用所构造的置换群求解该类计数问题。

8.2　伯恩赛德计数定理

若例 8.1 中的两种着色方案被认为是等价的，则它们之间在某种数学模型上就应当存在一种等价关系。反过来讲，若能够依据某种数学模型构造出一个等价关系，则在同一等价类中的两个着色方案就应当被认为是等价的，而置换群恰好是这样一个数学模型。下面证明：给定一个置换群，则能够定义一个等价关系。

定义 8.4（置换群诱导的二元关系）　已知 $(S, \bullet)$ 是有限集 A 的一个置换群，则

$$\mathcal{R} = \{(a, b) \in A \times A \mid \sigma(a) = b, \sigma \in S\}$$

被称为置换群 $(S, \bullet)$ 诱导的 A 上的二元关系。

　　依据该定义及例 8.1 中构造的置换群，可以诱导出图 8.2 所示的二元关系，显然该二元关系是一个等价关系，将 16 种着色方案划分为 6 个等价类，譬如着色方案 f_6、f_7、f_8、f_9 在同一个等价类中，说明它们通过或旋转、或翻转、或扭转可以互相转化，是等价的着色方案，也就是说，通过旋转、翻转、扭转可以互相转化时看作同一种着色方案，在此约束下实际上只有 6 种不同的着色方案。下面从理论上证明：一个置换群所诱导的二元关系是等价关系。

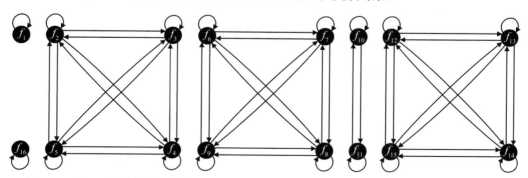

图 8.2　例 8.1 中的置换群诱导的等价关系（顶点的标号代表图 8.1 中的着色方案）

　　定理 8.1　已知 $(S, \bullet)$ 是有限集 A 的一个置换群，则 $(S, \bullet)$ 诱导的 A 上的二元关系 $\mathcal{R}$ 是等价关系。

　　证明：（自反性）因置换群有单位元，即恒等置换，所以 $\forall a \in A$：$(a, a) \in \mathcal{R}$。

　　（对称性）任取 $(a, b) \in \mathcal{R}$，依据定义 8.4 可知：存在 $\sigma \in S$ 使得 $\sigma(a) = b$。因为 σ 有逆元 $\sigma^{-1} \in S$，所以 $\sigma^{-1}(b) = a$，$(b, a) \in \mathcal{R}$。

　　（传递性）令 $(a, b) \in \mathcal{R}$、$(b, c) \in \mathcal{R}$，则依据定义 8.4 可知：存在 $\sigma_1 \in S$ 和 $\sigma_2 \in S$ 使得 $\sigma_1(a) = b$ 且 $\sigma_2(b) = c$。因为 $\sigma_2 \bullet \sigma_1 \in S$，所以 $(\sigma_2 \bullet \sigma_1)(a) = \sigma_2(\sigma_1(a)) = \sigma_2(b) = c$，$(a, c) \in \mathcal{R}$。

　　因此，给定一个刻画某个问题解决方案间转换的置换群，则可以诱导出这些方案间的一个等价关系，而一个等价关系将方案集划分为一组等价类，因此，通过这个等价关系可以得到真正不同的方案与方案数。

　　另一问题是，对于方案数（即等价类的个数）是否可以不构造等价关系就能够计算呢？答案也是肯定的，这就是伯恩赛德计数定理（Burnside's counting theorem）所解决的，该定理有时也称作伯恩赛德引理（Burnside's lemma）①。为证明

①该定理并非伯恩赛德（William Burnside，1852–1927，英国数学家）提出，伯恩赛德将其归功于弗罗贝尼乌斯（Ferdinand G. Frobenius，1849–1917，德国数学家）[93]，但实际上，该结论更早已为柯西所知[94]。这里给出的证明参考了文献 [95]。

该定理，需要引入定义8.5。

定义 8.5(置换的不变元) 给定有限集 A 上的置换 σ，若 $a \in A$ 满足 $\sigma(a) = a$，则称 a 为 σ 的一个不变元（invariant），用 $\#(\sigma)$ 表示 σ 中不变元的个数。

譬如例 8.1 中构造的 8 个置换的不变元的个数分别为：

$$\#(\sigma_0) = 16、\quad \#(\sigma_1) = 2、\quad \#(\sigma_2) = 4、\quad \#(\sigma_3) = 2、$$
$$\#(\sigma_4) = 4、\quad \#(\sigma_5) = 4、\quad \#(\sigma_6) = 8、\quad \#(\sigma_7) = 8$$

定理 8.2(伯恩赛德计数定理) 已知 $(S, \bullet)$ 是有限集 A 的一个置换群，则 $(S, \bullet)$ 诱导的 A 上的等价关系 $\mathcal{R}$ 将 A 划分所得的等价类的数目为

$$\frac{1}{|S|} \sum_{\sigma \in S} \#(\sigma) \tag{8.1}$$

证明： 任取 $a \in A$，令 $\eta(a)$ 表示在 S 中 a 作为不变元的置换的个数。$\sum_{\sigma \in S} \#(\sigma)$ 和 $\sum_{a \in A} \eta(a)$ 均统计不变元出现的次数（包含重复出现），前者针对 S 中的每个置换展开统计（统计每个置换中不变元的个数，然后累加），后者针对 A 中的每个元素展开统计（统计每个元素作为不变元出现的置换的个数，然后累加），因此，

$$\sum_{\sigma \in S} \#(\sigma) = \sum_{a \in A} \eta(a)$$

针对等价关系 $\mathcal{R}$ 将 A 划分所得的等价类，令 a 和 b 在同一等价类中，下面证明 S 中恰好有 $\eta(a)$ 个将 a 映射为 b 的置换。为此，设

$$X_a = \{\sigma \in S \mid \sigma(a) = a\}$$

即 a 作为不变元的那些置换的集合，显然 $|X_a| = \eta(a)$。因为 a 和 b 在同一等价类中，所以依据定义 8.4 可知：一定存在一个置换，不妨记为 σ'，使得 $\sigma'(a) = b$。依据 X_a 和 σ'，构造如下集合：

$$X'_a = \{\sigma' \bullet \sigma \mid \sigma \in X_a\}$$

则 X'_a 中的每个置换都将 a 映射为 b，并且，X_a 中任意两个不同的置换（不妨设为 σ_1 和 σ_2）都满足 $\sigma' \bullet \sigma_1 \neq \sigma' \bullet \sigma_2$，[①] 这意味着 $|X'_a| = |X_a| = \eta(a)$。另外，可

[①] 这是因为：如果 $\sigma' \bullet \sigma_1 = \sigma' \bullet \sigma_2$，则 $(\sigma')^{-1} \bullet (\sigma' \bullet \sigma_1) = (\sigma')^{-1} \bullet (\sigma' \bullet \sigma_2)$，即 $\sigma_1 = \sigma_2$，与 $\sigma_1 \neq \sigma_2$ 相矛盾。

以证明 $S \setminus X'_a$ 中的任何置换都不会把 a 映射为 b，[①] 从而说明 X'_a 即为 S 中所有将 a 映射为 b 的置换的集合，该集合中恰好有 $\eta(a)$ 个置换。

令等价关系 $\mathcal{R}$ 将 A 划分为 k 个等价类 A_1、$\cdots$、A_k。不失一般性，此处考虑 A_1。A_1 中的元素记为 a_1、a_2、$\cdots$、$a_{|A_1|}$。因为在一个置换中，一个元素只能映射为它所在的等价类中的某个元素，所以可以依据如下规则将置换集 S 划分为 $|A_1|$ 类：将 a_1 映射为 a_1 的类，将 a_1 映射为 a_2 的类，$\cdots$，将 a_1 映射为 $a_{|A_1|}$ 的类。依据上一段中的结论可知，每一类中恰好有 $\eta(a_1)$ 个置换，所以 $|S| = \eta(a_1)|A_1|$；同理就有 $|S| = \eta(a_1)|A_1| = \eta(a_2)|A_1| = \cdots = \eta(a_{|A_1|})|A_1|$，所以 $|S| = \sum_{a \in A_1} \eta(a)$。同样考虑其他等价类则可得到：$|S| = \sum_{a \in A_1} \eta(a) = \sum_{a \in A_2} \eta(a) = \cdots = \sum_{a \in A_k} \eta(a)$。因此，$k|S| = \sum_{a \in A} \eta(a)$，即

$$k = \frac{1}{|S|} \sum_{a \in A} \eta(a) = \frac{1}{|S|} \sum_{\sigma \in S} \#(\sigma)$$

结论得证。

该定理是说：一个置换群诱导的等价类的个数等于这个置换群中各置换的不变元个数的平均数。例 8.1 中构造了 8 个置换，所诱导的等价关系将着色方案划分成的等价类共有 $\frac{1}{8}(16 + 2 + 4 + 2 + 4 + 4 + 8 + 8) = 6$ 个，与图 8.2 所示的结果一致。

例 8.2 (项链计数问题) 有 5 颗珠子串成的项链，用蓝、黄、绿为珠子着色，若一个着色的项链经过旋转后与另一个着色的项链完全一样，则这两个着色方案被认为是相同的。在考虑旋转等价的条件下，求不一样的项链的个数。

解：设 A 是不考虑旋转时形成的不同的项链的集合，则 $|A| = 3^5 = 243$，即若 5 颗串成项链的珠子编号为 1、2、3、4、5，则共形成 243 种着色方案。为这 243 种着色的项链进行编号：f_1、f_2、$\cdots$、f_{243}。考虑以下 5 种情况：不旋转、顺时针旋转 1 个珠子、顺时针旋转 2 个珠子、顺时针旋转 3 个珠子、顺时针旋转 4 个珠子，所对应的置换分别记为 σ_0、σ_1、σ_2、σ_3、σ_4，则 $S = \{\sigma_0, \sigma_1, \sigma_2, \sigma_3, \sigma_4\}$ 是一个置换群（其证明留作课下作业），其中 σ_0 是单位元（恒等置换）。在 σ_1、σ_2、σ_3、σ_4 中，只有纯蓝、纯黄、纯绿的项链，其编号映射为其自身，其他颜色的项链的编号都映射为不同的编号，因此 $\#(\sigma_1) = \#(\sigma_2) = \#(\sigma_3) = \#(\sigma_4) = 3$，而 $\#(\sigma_0) = 243$。由定理 8.2 知，在考虑旋转等价的条件下被着成的不一样的项链的个数为 $\frac{1}{5}(243 + 3 + 3 + 3 + 3) = 51$。

[①] 这是因为：如果存在 $\sigma'' \in S \setminus X'_a$ 使得 $\sigma''(a) = b$，则 $((\sigma')^{-1} \bullet \sigma'')(a) = (\sigma')^{-1}(b) = a$，即 $(\sigma')^{-1} \bullet \sigma'' \in X_a$，则 $\sigma' \bullet ((\sigma')^{-1} \bullet \sigma'') \in X'_a$，即 $\sigma'' \in X'_a$，与 $\sigma'' \notin X'_a$ 相矛盾。

在第7章已经指出，项链计数问题即为可重圆排列计数问题，n-元可重圆排列可以看作 n 颗珠子串成的项链用 m 种颜色着色，其计数公式为式 (7.32)，将 $n = 5$ 和 $m = 3$ 代入该公式则有

$$Z(3,5) = \sum_{d|5} \frac{1}{d} \sum_{d'|d} \mu(d') 3^{\frac{d}{d'}} = 3 + \frac{1}{5}(3^5 - 3) = 51$$

与例 8.2 中求解的结果一致。注意：这里的项链着色只考虑了在平面上的旋转等价，而没有考虑空间中的翻转等价，此种情况留作课下作业。

8.3 波利亚计数定理

考虑等价方案的计数问题时，伯恩赛德计数定理将（未考虑等价时的）所有方案构成一个集合，在此集合上依据等价条件构造置换群，然后利用该置换群计算不等价的方案数。该方法直观明了，但是当方案数庞大时——如 n 颗珠子、m 种颜色的项链计数问题有 m^n 种方案，通常不易构造方案集之上的置换群。后来，波利亚改进了该类计数问题的求解方法，该方法不去产生方案集及其之上的置换群，而是依据等价条件直接构造另一个置换群，并利用此置换群求解。

譬如例 8.1 中正方形的四个顶点着色，无论给定哪种着色方案，经过旋转、翻转、扭转，都形成如下 8 个置换（该置换直接建立在顶点集之上，这四个顶点的编号为：左上为 1、右上为 2、右下为 3、左下为 4）：

（1）旋转 0°、翻转 0°、扭转 0°，均为 1^4 型的恒等置换 $\sigma_0' = (1)(2)(3)(4)$。

（2）以中心点为圆心顺时针旋转 90°，则为 4^1 型的置换 $\sigma_1' = (1\,2\,3\,4)$。

（3）以中心点为圆心顺时针旋转 180°，则为 2^2 型的置换 $\sigma_2' = (1\,3)(2\,4)$。

（4）以中心点为圆心顺时针旋转 270°，则为 4^1 型的置换 $\sigma_3' = (1\,4\,3\,2)$。

（5）以左右两边的中垂线为轴翻转 180°，则为 2^2 型的置换 $\sigma_4' = (1\,4)(2\,3)$。

（6）以上下两边的中垂线为轴翻转 180°，则为 2^2 型的置换 $\sigma_5' = (1\,2)(3\,4)$。

（7）以左上右下两点的连线为轴扭转 180°，则为 $1^2 2^1$ 型的置换 $\sigma_6' = (1)(3)(2\,4)$。

（8）以右上左下两点的连线为轴扭转 180°，则为 $1^2 2^1$ 型的置换 $\sigma_7' =$

$(2)(4)(1\,3)$。

容易验证，上述 8 个置换也构成一个置换群，σ_0' 是单位元。因为等价条件是一样的，所以这个置换群与例 8.1 中构造的置换群有相同的元素个数（而伯恩赛德计数定理中恰好需要这个元素个数）。

另一个重要的观察是，给定同一等价条件下的置换，譬如此处的 σ_2' 与例 8.1 中的 σ_2：$\sigma_2' = (1\,3)(2\,4)$

$$\sigma_2 = (f_1)(f_{10})(f_{11})(f_{16})(f_2f_4)(f_3f_5)(f_6f_8)(f_7f_9)(f_{12}f_{14})(f_{13}f_{15})$$

σ_2' 有两个轮换因子 $(1\,3)$ 和 $(2\,4)$，意味着若某两个着色方案等价的话，则顶点 1 与 3 在这两个着色方案中要着相同颜色，顶点 2 与 4 在这两个着色方案中要着相同颜色，因为用黑白两种颜色着色，所以共对应 $2^2 = 4$ 种着色方案：

（1）顶点 1 和 3 着白色、2 和 4 着白。

（2）顶点 1 和 3 着黑色、2 和 4 着黑色。

（3）顶点 1 和 3 着白色、2 和 4 着黑色。

（4）顶点 1 和 3 着黑色、2 和 4 着白色。

上述四种着色方案即为例 8.1 中的 f_1、f_{16}、f_{11}、f_{10}，而它们恰好为置换 σ_2 中的不变元。另一方面，对这四个顶点的其他任一着色方案，在置换 σ_2 中（即在"以中心点为圆心顺时针旋转 $180°$"的等价条件下）都不可能映射为自身。因此，$2^{\&(\sigma_2')} = \#(\sigma_2)$。① 太好了！伯恩赛德计数定理中所需要的要素，通过这个简单的置换群就可以提供！这就是波利亚计数定理②。

为便于描述波利亚计数定理，令 $\mathcal{N} = \{a_1, a_2, \cdots, a_n\}$ 是含有 n 个元素的有限集，如上面正方形的 4 个顶点的集合或 5 个珠子的集合；令 $\mathcal{C} = \{c_1, c_2, \cdots, c_m\}$ 是含有 m 个元素的有限集，如上面例子中的颜色集；令 $A = \{f : \mathcal{N} \to \mathcal{C}\}$ 是从 $\mathcal{N}$ 到 $\mathcal{C}$ 的所有映射的集合，如上面例子中的所有着色的方案集，即伯恩赛德计数定理中的 A。给定一组等价条件（如上面的旋转等价或翻转等价等），则可以分别构造 $\mathcal{N}$ 和 A 之上的置换群，记为 $(T, \bullet)$ 和 $(S, \bullet)$，则它们是同构的③。伯恩赛德计数定理是求解置换群 $(S, \bullet)$ 诱导的 A 上的等价关系将 A 划分成的等价类

---

① $2^{\&(\sigma_2')}$ 意味着：有 $\&(\sigma_2')$ 个轮换因子，而每个因子有 2 种着色方案。

② 该定理由波利亚（George Pólya，1887–1985，匈牙利数学家）提出[96]，这里给出一个简单的版本，表达为生成函数形式的计数公式及其证明可阅读文献 [44] 和 [71]，本书不再重复。

③ 置换群 $(T, \bullet)$ 和 $(S, \bullet)$ 是同构的，当且仅当存在一一映射 $g : T \to S$ 满足：
  （1）$\forall \sigma_1, \sigma_2 \in T : g(\sigma_1 \bullet \sigma_2) = g(\sigma_1) \bullet g(\sigma_2)$。
  （2）对于 $(T, \bullet)$ 的单位元 i_T，有 $g(i_T) = i_S$，这里 i_S 是 $(S, \bullet)$ 的单位元。
  （3）$\forall \sigma \in T : g(\sigma^{-1}) = (g(\sigma))^{-1}$。

的个数，而这个数目可以通过置换群 $(T, \bullet)$ 来求解。

定理 8.3 (波利亚计数定理)　置换群 $(S, \bullet)$ 诱导的 A 上的等价关系将 A 划分所得的等价类的数目为

$$\frac{1}{|S|} \sum_{\sigma \in S} \#(\sigma) = \frac{1}{|T|} \sum_{\sigma \in T} m^{\&(\sigma)} \tag{8.2}$$

例如，正方形顶点着色问题，利用波利亚计数定理求解如下：

$$\begin{aligned}
&\frac{1}{8}\left(2^{\&(\sigma_0')} + 2^{\&(\sigma_1')} + 2^{\&(\sigma_2')} + 2^{\&(\sigma_3')} + 2^{\&(\sigma_4')} + 2^{\&(\sigma_5')} + 2^{\&(\sigma_6')} + 2^{\&(\sigma_7')}\right) \\
&= \frac{1}{8}\left(2^4 + 2^1 + 2^2 + 2^1 + 2^2 + 2^2 + 2^3 + 2^3\right) \\
&= 6
\end{aligned}$$

与前面求解的结果一致。又如例 8.2 的项链计数问题，对 5 个珠子按顺时针编号：1、2、3、4、5，则按照不旋转、按顺时针旋转 1 个珠子、按顺时针旋转 2 个珠子、按顺时针旋转 3 个珠子、按顺时针旋转 4 个珠子，就可以形成如下 5 个置换：$(1)(2)(3)(4)(5)$、$(1\,2\,3\,4\,5)$、$(1\,3\,5\,2\,4)$、$(1\,4\,2\,5\,3)$、$(1\,5\,4\,3\,2)$，第 1 个置换的轮换因子数为 5，后 4 个的轮换因子数均为 1，因用 3 种颜色着色，所以不同的项链数为 $\frac{1}{5}(3^5 + 3^1 + 3^1 + 3^1 + 3^1) = 51$，与前面求解的结果也一致。如果同时考虑项链的空间翻转等价，则结果如何？留作课下作业。

8.4　应用：门电路等价类问题

门电路用于实现基本的逻辑运算与复合逻辑运算，是集成电路与计算机的基础之一。由第7章的例 7.3 知，含有 n 个变元的布尔函数有 2^{2^n} 个，但实现某些函数的门电路是相同的。换句话说，要实现这 2^{2^n} 个函数未必需要设计 2^{2^n} 个门电路。例如表 8.1 列出了 3 个变元的布尔函数，共 256 个，而实现布尔函数

$$f_{169}(x_1, x_2, x_3) = (x_1 \wedge x_2) \oplus \neg x_3$$

$$f_{225}(x_1, x_2, x_3) = \neg x_1 \oplus (x_2 \wedge x_3)$$

的门电路分别如图 8.3（a）和（b）所示，显然这两个电路完全一样，此处 $\oplus$ 是异或运算符。换句话说，只需交换这个电路的输入端 x_1 和 x_3 即可实现这两个函

数的计算。这就引出这样一个问题，含有 n 个变量的 2^{2^n} 个布尔函数用多少个门电路即可实现？此处以 $n=3$ 为例来展示如何使用波利亚计数定理求解该问题。

表 8.1 三个变量构成的 256 个布尔函数

d	x_1	x_2	x_3	f_0	f_1	$\cdots$	f_{169}	$\cdots$	f_{225}	$\cdots$	f_{255}
0	0	0	0	0	0	$\cdots$	1	$\cdots$	1	$\cdots$	1
1	0	0	1	0	0	$\cdots$	0	$\cdots$	1	$\cdots$	1
2	0	1	0	0	0	$\cdots$	1	$\cdots$	1	$\cdots$	1
3	0	1	1	0	0	$\cdots$	0	$\cdots$	0	$\cdots$	1
4	1	0	0	0	0	$\cdots$	1	$\cdots$	0	$\cdots$	1
5	1	0	1	0	0	$\cdots$	0	$\cdots$	0	$\cdots$	1
6	1	1	0	0	0	$\cdots$	0	$\cdots$	0	$\cdots$	1
7	1	1	1	0	1	$\cdots$	1	$\cdots$	1	$\cdots$	1

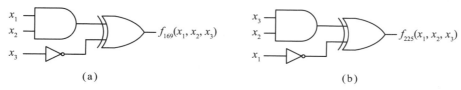

图 8.3 实现布尔函数 f_{169} 和 f_{225} 的门电路。

为此，先定义两个布尔函数 $f(x_1, x_2, \cdots, x_n)$ 和 $g(x_1, x_2, \cdots, x_n)$ 的等价性。如果存在 $\{x_1, x_2, \cdots, x_n\}$ 上的置换 σ 使得 $(x_1, x_2, \cdots, x_n)$ 在 $\mathbb{B}^n$ 上的任意取值都满足 $f(x_1, x_2, \cdots, x_n) = g(\sigma(x_1), \sigma(x_2), \cdots \sigma(x_n))$，则称 $f(x_1, x_2, \cdots, x_n)$ 和 $g(x_1, x_2, \cdots, x_n)$ 是等价的。

譬如上面的 $f_{169}(x_1, x_2, x_3)$ 和 $f_{225}(x_1, x_2, x_3)$ 等价，这是由于 $f_{169}(x_1, x_2, x_3) = f_{225}(x_3, x_2, x_1)$，从下面具体的值更容易观察到它们相等：

$$f_{169}(0,0,0) = f_{225}(0,0,0), \qquad f_{169}(1,0,0) = f_{225}(0,0,1)$$

$$f_{169}(0,0,1) = f_{225}(1,0,0), \qquad f_{169}(1,0,1) = f_{225}(1,0,1)$$

$$f_{169}(0,1,0) = f_{225}(0,1,0), \qquad f_{169}(1,1,0) = f_{225}(0,1,1)$$

$$f_{169}(0,1,1) = f_{225}(1,1,0), \qquad f_{169}(1,1,1) = f_{225}(1,1,1)$$

此处，$\{x_1, x_2, x_3\}$ 上的置换为

$$\begin{pmatrix} x_1 & x_2 & x_3 \\ x_3 & x_2 & x_1 \end{pmatrix} = (x_1 x_3)(x_2)$$

非常巧，布尔函数的等价性定义也用到了置换，这个置换是利用波利亚计数定理解决该问题时构造置换群所要考虑的等价条件，类似于前面例子中的翻转、

旋转等。原本要考虑 $A = \{f : \mathbb{B}^3 \to \mathbb{B}\}$，此处 $\mathbb{B}^3$ 类似于上一节中的 $\mathcal{N}$，$\mathbb{B}$ 类似于 $\mathcal{C}$，但是，当依据等价条件构造 $\mathbb{B}^3$ 上的置换群时，书写不便，为此，将 $(0,0,0)$ 记作 0、$(0,0,1)$ 记作 1、$\cdots$、$(1,1,1)$ 记作 7，则有 $\mathcal{N} = \{0,1,2,3,4,5,6,7\}$，而 A 就改写为 $A = \{f : \mathcal{N} \to \mathbb{B}\}$。进而构造 $\mathcal{N}$ 上的置换群如下：

（1）针对 $(x_1)(x_2)(x_3)$，$\mathcal{N}$ 上的置换为 $\sigma_0 = (0)(1)(2)(3)(4)(5)(6)(7)$。

（2）针对 $(x_1)(x_2 x_3)$，$\mathcal{N}$ 上的置换为 $\sigma_1 = (0)(1\,2)(3)(4)(5\,6)(7)$。

（3）针对 $(x_1 x_2)(x_3)$，$\mathcal{N}$ 上的置换为 $\sigma_2 = (0)(1)(2\,4)(3\,5)(6)(7)$。

（4）针对 $(x_1 x_3)(x_2)$，$\mathcal{N}$ 上的置换为 $\sigma_3 = (0)(1\,4)(2)(3\,6)(5)(7)$。

（5）针对 $(x_1 x_2 x_3)$，$\mathcal{N}$ 上的置换为 $\sigma_4 = (0)(1\,4\,2)(3\,5\,6)(7)$。

（6）针对 $(x_1 x_3 x_2)$，$\mathcal{N}$ 上的置换为 $\sigma_5 = (0)(1\,2\,4)(3\,6\,5)(7)$。

显然，$\&(\sigma_0) = 8$、$\&(\sigma_1) = 6$、$\&(\sigma_2) = 6$、$\&(\sigma_3) = 6$、$\&(\sigma_4) = 4$、$\&(\sigma_5) = 4$。由波利亚计数定理知 A 被划分成 $\frac{1}{6}(2^8 + 2^6 + 2^6 + 2^6 + 2^4 + 2^4) = 80$ 个等价类，即这 256 个布尔函数只需 80 个门电路即可实现。注意上述构造置换时的条件，如 $(x_1 x_3)(x_2)$，意味着 x_1 与 x_3 的值互换而 x_2 保持不变，即构造如下置换：

$$\begin{pmatrix} 000 & 001 & 010 & 011 & 100 & 101 & 110 & 111 \\ 000 & 100 & 010 & 110 & 001 & 101 & 011 & 111 \end{pmatrix}$$

用它们的标号 0、1、2、3、4、5、6、7 表示则为

$$\begin{pmatrix} 0 & 1 & 2 & 3 & 4 & 5 & 6 & 7 \\ 0 & 4 & 2 & 6 & 1 & 5 & 3 & 7 \end{pmatrix} = (0)(1\,4)(2)(3\,6)(5)(7)$$

通过该例子能够想象得到：如果在 A 上直接利用上述 6 个等价条件构造置换群，然后利用伯恩赛德计数定理求解，是多么不容易！这是因为：在这样的一个置换中有 2^8、或 2^6、或 2^4 个不变元，与上述 $\mathcal{N}$ 上的置换相比就复杂多了。

习　题

1. 证明：一个群的单位元是唯一的，一个元素的逆元也是唯一的。

2. 令 $\mathbb{A}$ 是 $A = \{1, 2, \cdots, n\}$ 上所有置换的集合，证明：$(\mathbb{A}, \bullet)$ 是一个群，并且

$$\begin{pmatrix} 1 & 2 & \cdots & n \\ 1 & 2 & \cdots & n \end{pmatrix}$$

是单位元，而置换 σ 的逆元满足：$\forall j \in A$，若 $\sigma(j) = k$，则 $\sigma^{-1}(k) = j$。

3. 证明：有限集 A 的两个不相交的轮换满足交换律。

4. 证明：有限集 A 的任一置换可唯一表示为 A 的一组不相交的轮换的复合。

5. 填表 8.2，计算例 8.1 中的 8 个置换的复合运算结果。

表 8.2 计算例 8.1 中的 8 个置换的复合运算结果

复合＼置换 ＼置换	σ_0	σ_1	σ_2	σ_3	σ_4	σ_5	σ_6	σ_7
σ_0								
σ_1								
σ_2								
σ_3								
σ_4								
σ_5								
σ_6								
σ_7								

6. 验证正方形顶点着色例子中构造的两个置换群 $(\{\sigma_0, \sigma_1, \sigma_2, \sigma_3, \sigma_4, \sigma_5, \sigma_6, \sigma_7\}, \bullet)$ 和 $(\{\sigma'_0, \sigma'_1, \sigma'_2, \sigma'_3, \sigma'_4, \sigma'_5, \sigma'_6, \sigma'_7\}, \bullet)$ 同构。

7. 分别利用伯恩赛德计数定理与波利亚计数定理求解 5 颗珠子 3 种颜色的项链计数问题，这里不仅考虑平面上的旋转等价，还要考虑空间中的翻转等价。注：5 个珠子的项链可以看作正五边形的 5 个顶点，空间中的一个翻转是以正五边形的一个顶点到对边的中垂线为轴翻转 180°。通过该习题观察哪个定理使用起来更简单？

8. 考虑有 4 个变量的布尔函数的等价类计数问题。

9. 用 3 种颜色对正六面体的 6 个面着色，考虑空间中的旋转等价，则有多少种不同的着色方案？

参考文献

［1］R L Graham,D E Knuth,O Patashnik.Concrete Mathematics: A Foundation for Computer Science. Addison Wesley, 1994.

［2］D F Wallace.Everything and More: A Compact History of Infinity.W W Norton & Company, 2010.

［3］W D Blizard.Multiset theory,Notre Dame Journal of Formal Logic.1989,30（1）:36-66.

［4］G J Liu,C J Jiang,M C Zhou,A Ohta.The liveness of WS3PR:complexity and decision.IEICE Transactions on Fundamentals of Electronics,Communications and Computer Sciences, 2013, E96-A（8）: 1783-1793.

［5］G J Liu.Complexity of the deadlock problem for Petri nets modeling resource allocation systems.Information Sciences,2016,363: 190-197.

［6］G J Liu.Petri Nets: Theoretical Models and Analysis Methods for Concurrent Systems.Springer Nature,2022.

［7］刘关俊.Petri 网的元展：一种并发系统模型检测方法.北京：科学出版社,2020.

［8］J M Jeffrey.Using Petri nets to introduce operating system concepts.Proceedings of the Twenty-Second SIGCSE Technical Symposium on Computer Science Education,New York,1991: 324-329.

［9］傅育熙.计算复杂性理论.北京：清华大学出版社,2023.

［10］R M Karp.Reducibility among combinatorial problems//R E Miller,J W Thatcher (Eds.).Complexity of Computer Computations.New York:Plenum Press,1972: 85-103.

［11］Y Zhang,K W Zhang,G J Liu.Static deadlock detection for Rust programs.arXiv: 2401.01114, 2024.

［12］K W Zhang,G J Liu.TRustPN: Transforming Rust source code to Petri nets for checking deadlocks.the 10th International Conference on Control, Decision and Information Technologies, Valetta, Malta,2024,9: 1-4.

［13］J L Coolidge.The story of the binomial theorem.The American Mathematical Monthly,1949,56（3）: 147-157.

［14］K E Iverson.A Programming Language.New York: Wiley,1962.

［15］D E Knuth.Two notes on notaion.The American Mathematical Monthly,1992,99（5）: 403-422.

［16］E Noble.The Rise and Fall of the German Combinatorial Analysis.Birkhäuser,2022.

［17］M Z Spivey.The Art of Proving Binomial Identities.CRC Press, 2019.

［18］朱世杰.四元玉鉴.郭书春等,译.沈阳：辽宁教育出版社,2006.

［19］罗见今.朱世杰-范德蒙公式的发展简介.数学传播,2008,32（4）：66-71.

［20］J Flum,M Grohe.Parameterized Complexity Theory.Springer Berlin Heidelberg,2006.

［21］C E Shannon.A mathematical theory of communication.The Bell System Technical Journal,1948,27（3）：379-423.

［22］E B Hunt,J Marin,P Stone.Experiments in Induction.Academic Press,1966.

［23］J R Quinlan.Induction of decision trees.Machine Learning,1986,1：81-106.

［24］J R Quinlan.C4.5: Programs for Machine Learning.Morgan Kaufmann Publishers,1993.

［25］李航.统计学习方法.北京：清华大学出版社,2012.

［26］周志华.机器学习.北京：清华大学出版社, 2016.

［27］S Y Xuan,G J Liu,Z C Li,L T Zheng,S Wang,C J Jiang.Random forest for credit card fraud detection.the 15th IEEE International Conference on Networking, Sensing and Control, Zhuhai, China,2018,3：27-29.

［28］Z C Li,M Huang,G J Liu,C J Jiang.A hybrid method with dynamic weighted entropy for handling the problem of class imbalance with overlap in credit card fraud detection.Expert Systems with Applications,2021,175：114750.

［29］Y Xie,G J Liu,C G Yan,C J Jiang,M C Zhou,M Z Li.Learning transactional behavioral representations for credit card fraud detection.IEEE Transactions on Neural Networks and Learning Systems,2024,35（4）：5735-5748.

［30］B Rittaud,A Heeer.The pigeonhole principle, two centuries before Dirichlet//M Pitici (Ed.).The Best Wing on Mathematics.Princeton University Press, 2015.

［31］D Schattschneider.Beauty and truth in mathematics//N Sinclair,D Pimm,W Higginson(Eds.).Mathematics and the Aesthetic.Springer Science,2000.

［32］P Erdös,G Szekeres.A combinatorial problem in geometry.Compositio Mathematica,1935,2:463-470.

［33］M Norouzi,A Punjani,D J Fleet.Fast exact search in Hamming space with multi-index hashing. IEEE Transactions on Pattern Analysis and Machine Intelligence,2014,36（6）：1107-1119.

［34］R W Hamming.Error detecting and error correcting codes.The Bell System Technical Journal, 1950,29（2）：147-160.

［35］ F P Ramsey.On a problem of formal logic.Proceedings of the London Mathematical Society,1930,s2-30（1）：264-286.

［36］ R E Greenwood,A M Gleason.Combinatorial relations and chromatic graphs.Canadian Journal of Mathematics,1955,7：1-7.

［37］ S Van Overberghe.Algorithms for Computing Ramsey Numbers.Ghent University,2020.

［38］ M Katz,J Reimann.An Introduction to Ramsey Theory: Fast Functions,Infinity, and Metamathematics.Rhode Island: American Mathematical Society,2018.

［39］ P Erdös.Some remarks on the theory of graphs.Bulletin of The American Mathmatical Society,1947,53：292-294.

［40］ R L Graham,B L Rothschild,J H Spencer.Ramsey Theory (2nd Edition).John Wiley and Sons,1991.

［41］ G Chartrand,P Zhang.New directions in Ramsey theory.Discrete Mathematics Letters,2021,6：84-96.

［42］ I Schur.Über die kongruenz xm+ym ≡ zm(mod p).Jahresbericht der Deutschen Mathematiker-Vereinigung,1917,25：114-116.

［43］ J Nešetřil,M Rosenfeld, I Schur.C E Shannon and Ramsey numbers.a short story, Discrete Mathematics,2001,229：185-195.

［44］许胤龙 , 孙淑玲 . 组合数学引论 . 合肥：中国科学技术大学出版社 , 2010.

［45］ L E Dickson.On the congruence xn+yn+zn ≡ 0 (mod p), Journal für die reine und angewandte Mathematik,1909,135：134-141.

［46］ A Wiles.Modular elliptic curves and Fermat's last theorem.Annals of Mathematics,1995,141(3)：443-551.

［47］ J Spencer.Ramsey's theorem-A new lower bound, Jounal of Combinatorial Theory (A),1975, 18:108-115.

［48］ C E Shannon.The zero-error capacity of a noisy channel.IRE Transactions on Information Theory, 1956,2（3）：8-19.

［49］ F S Roberts.Applications of Ramsey theory.Discrete Applied Mathematics,1984,9（3）：251-261.

［50］ L Lovász.On the Shannon capacity of a graph.IEEE Transactions on Informationtheory,1979,25（1）：1-7.

［51］ Z Hedrlín.An application of the Ramsey theorem to the topological product.Bulletin de l Académie Polonaise des Sciences,1966, 14：25-26.

［52］B Taylor.Methodus Incrementorum Directa et Inversa.London,1715.

［53］P S de la Place (Laplace).Théorie Analytique des Probabilités.Courcier,1814.

［54］G Levitin.The Universal Generating Function in Reliability Analysis and Optimization.London: Springer,2005.

［55］T N Thiele.The Theory of Observations.Charles and Edwin Layton, 1903.

［56］D Andrica,O Bagdasar.Recurrent Sequences: Key Results, Applications,and Problems.Springer, 2020.

［57］L S C de Sá,E V P Spreaco.New approaches for solving interpolation problems and homogeneous linear recurrence relations.Asian Research Journal of Mathematics,2023,19（9）: 263-277.

［58］P Cull,M Flahive,R Robson.Dierence Equations: From Rabbits to Chaos.Springer,2005.

［59］W Ackermann.Zum Hilbertschen Aufbau der reelen Zahlen.Mathematische Annalen,1928,99（1） 118-133.

［60］R Péter.Konstruktion nichtrekursiver Funktionen.Mathematische Annalen,1935,111（1）: 42-60.

［61］L Euler.Specimen algorithmi singularis.Novi Commentarii academiae scientiarum Petropolitanae,1764,9: 53-69.

［62］K H Rosen.Elementary Number Theory and Its Applications.Cambridge University Press,2016.

［63］É. Zeckendorf.Representations des nombres naturels par une somme de nombres de Fibonacci on de nombres de Lucas.Bulletin de La Society Royale des Sciences de Liege, 1972: 179-182.

［64］明安图.《割圆密率捷法》译注 . 罗见今 , 译注 . 呼和浩特 : 内蒙古教育出版社 , 1998.

［65］L Euler.Correspondence of Leonhard Euler with Christian Goldbach//F Lemmermeyer,M Martmüller (Eds.).Opera Omnia,Series IVA,vol.4,Birkhäuser, Basel,2015.

［66］J A von Segner.Enumeratio modorum quibus gurae planae rectilineae per diagonales dividuntur in triangula.Novi Commentarii academiae scientiarum Petropolitanae,1758,7:203-210.

［67］E Catalan.Note sur une équation aux différences finies.Journal De Mathematiques Pures Et Appliquees,1838,3:508-516.

［68］J Stirling.Methodus Differentialis: sive Tractatus de Summatione et Interpolatione Serierum Infinitarum.Londini,1730.

［69］N Nielsen.Handbuch der Theorie der Gammafunktion, Teubner,1906.

［70］I Marx.Transformation of series by a variant of Stirling's numbers.The American Mathematical Monthly,1962, 69（6）: 530-532.

［71］R P Stanley.Enumerative Combinatorics (2nd edition).Cambridge University Press,2011.

［72］L Euler.De progressionibus harmonicis observationes, Commentarii academie scientiarum imperialis Petropolitane,1734,7:150-161.

［73］C A R Hoare.Quick sort.The Computer Journal,1962,5（1）：10-15.

［74］D E Knuth.The Art of Computer Programming.Addison-Wesley Professional,2014.

［75］É Lucas. Récréations Mathématiques（vol. 3）. Gauthier-Vallars, 1893：55-59.

［76］A P Martins,T Sousa.Formulations of the inclusion-exclusion principle from Legendre to Poincaré.with emphasis on Daniel Augusto da Silva.British Journal for the History of Mathematics,2022,37（3）：212-229.

［77］H. Dörrie.100 Great Problems of Elementary Mathematics.Courier Corporation,2013.

［78］B Hopkins.Euler's enumerations.Enumerative Combinatorics and Applications,2021,1(1）1-12.

［79］I Kaplansky,J Riordan.The problem of the rooks and its applications.Duke Mathematical Journal, 1946,13（2）：259-268.

［80］J Riordan.An Introduction to Combinatorial Analysis.John Wiley and Sons,1958.

［81］É Lucas.Théorie des Nombres.Gauthier-Villars,1891.

［82］J Touchard.Sur un problème de permutations.Comptes Rendus de l'Académie des Sciences-Series I-Mathematics,1934,198：631-633.

［83］I Kaplansky.Solution of the "problème des ménages".Bulletin of The American Mathematical Society, 1943,49：784-785.

［84］欧几里得.几何原本.邹忌,译.重庆出版社,2022.

［85］L Euler.Theoremata arithmetica nova methodo demonstrata.Novi Commentarii academiae scientiarum Petropolitanae,1763,8：74-104.

［86］J J Sylvester.On the number of fractions contained in any 'Farey series' of which the limiting number is given.The London, Edinburgh and Dublin Philosophical：Magazine and Journal of Science, Series 5,1883：251-257.

［87］E A Bender,J R Goldman.On the applications of Möbius inversion in combinatorial analysis. The American Mathematical Monthly,1975,82（8）：789-803.

［88］D Applegate,R Bixby,V Chvátal,W Cook.On the solution of traveling salesman problems. Documenta Mathematica, Extra Volume ICM, 1998:645-656.

［89］A J Schwenk.Which rectangular chessboards have a knight's tour? Mathematics Magazine,1991,64（5）：325-332.

［90］S Kohn,A Gottlieb,M Kohn.A generating function approach to the traveling salesman problem. Proceedings of the ACM Annual Conference (ACM1977), 1977：294-300.

［91］E Navarrete.Forbidden patterns and the alternating derangement sequence.arXiv:1610.01987, 2016.

［92］D Hanson,K Seyarth,J H Weston.Matchings, derangements, rencontres.Mathematics Magazine,1983,56（4）：224-229.

［93］W Burnside.Theory of Groups of Finite Order.Cambridge University Press,1897.

［94］P Neumann.A lemma that is not Burnside's.Mathematical Sciences,1979,4（2）：133-141.

［95］左孝凌,李为鑑,刘永才.离散数学,上海科学技术文献出版社,1982.

［96］G Pólya.Kombinatorische Anzahlbestimmungen für Gruppen.Graphen und chemische Verbindungen, Acta Mathematica, 1937,68：145-254.

附录符号表

$\mathcal{A}(n, k)$	阿克曼函数
$\mathcal{B}(n, q)$	服从参数 n 和 q 的二项分布
$\mathbb{B}$	布尔集
$\mathbf{c}(G)$	图 G 的香农容量
$C(n)$	卡特兰数
$D(n)$	错排数
e^x	指数函数
E	图的边集
$\mathbf{E}(X)$	随机变量 X 的数学期望
$F(n)$	斐波那契数
G	图
$G^2 = G \cdot G$	图的正规乘积
$\mathcal{G}(x)$	生成函数
$\widehat{\mathcal{G}}(x)$	指数型生成函数
$\widetilde{\mathcal{G}}(x)$	概率生成函数
$H(n)$	调和数
$\mathcal{H}(X)$	随机变量 X 的香农熵
$\mathbb{H}$	汉明空间
i	群的单位元
$I(n)$	禁止 $j(j+1)$ 模式的排列数
K_n	n 个顶点的完全图
M	多集或者标识（一个标识也是一个多集）
$\mathbb{M}$	标识集
$n!$	阶乘
$n^{\underline{k}}$	降阶乘幂（排列数）
N	网（Petri 网）
$\mathbb{N}$	自然数集
$\mathcal{O}$	时间复杂度
Pr	概率
R	拉姆齐数
$\mathbb{R}$	实数集

$\mathcal{R}$	置换群诱导的等价关系
s_n	舒尔数
sup	上确界
$U(n)$	二重错排数
V	图的顶点集
$\mathbf{V}(X)$	随机变量 X 的方差
$Z(m,n)$	m-元集合的 n-元可重圆排列数
$\alpha(G)$	图 G 中最大独立集的节点数
γ	欧拉常数
κ_k	第 k 个累积量（$k>0$）
$\mu(n)$	莫比乌斯函数
ν_k	k-阶矩（$k>0$）
$\varphi(n)$	欧拉 totient 函数
$\Omega(m)$	恰好满足一组性质中的 m 个性质的元素个数
$\#(\sigma)$	置换 σ 的不变元的个数
$\&(\sigma)$	置换 σ 的轮换因子的个数
$\partial(B)$	0–1 向量 B 中 0 的个数
$\binom{n}{k}$	二项式系数
$\left[\begin{smallmatrix}n\\k\end{smallmatrix}\right]$	第一类斯特林数
$\left\{\begin{smallmatrix}n\\k\end{smallmatrix}\right\}$	第二类斯特林数
$\{\cdots\}$	集合
$[\![\cdots]\!]$	多集
$\langle\cdots\rangle$	数列
$(\cdots)$	向量

索 引

索 引